【明】洪应明【著】
刘乔周【主编】

菜根谭全集

修身处世的绝胜智慧

家藏御書房

最透彻、最实用、最好读的国学典藏。融汇古今名家批注、传承千年文化精华的国学经典

古吴轩出版社

【前言】

洪应明与《菜根谭》

◎洪应明其人

洪应明，字自诚，号还初道人，籍贯不详，有《菜根谭》传世。根据他的另一部作品《仙佛奇踪》，得知他早年热衷于仕途功名，晚年归隐山林，洗心礼佛。万历三十年(1602)前后曾居住在南京秦淮河一带，潜心著述。与袁黄、冯梦桢等人有所交往。

◎《菜根谭》的由来

洪应明生活的年代，明朝社会进入后期。这段时期，明政府统治力下降，腐败现象逐渐成为常态。与此同时，市民阶级发展壮大，商业繁荣，科技进步，思想活跃，言论趋向自由，社会价值观开始转向开放、奢侈和淫逸。世俗社会、平民社会已经取代贵族社会，恐怖极权社会成为主流。一些有见识的知识分子，在经历了仕途的风波挫折之后，纷纷退隐江湖。他们既不愿意与当

权者同流合污，也不愿意违心迎合世俗的社会风气。于是，表现隐者高逸超脱情怀的作品大量出现，《菜根谭》就是其中的代表。

书名《菜根谭》，取自宋儒汪革语："人就咬得菜根，则百事可成。"意思是说，一个人只要能够坚强地适应清贫的生活，不论做什么事情，都会有所成就。明于孔兼在为《菜根谭》写的题词中，进一步阐述道："'谭'以'根谭'名，固自清苦历练中来，亦自栽培灌溉里得，其颠顿风波、备尝险阻可想矣。"又引用洪应明的话说："天劳我以形，吾逸吾心以补之；天厄我以遇，吾享吾道以通之。"于氏的解释，增加了这样一层含意：一个人面对厄运，必须坚定自己的操守，奋发努力，辛勤培植与浇灌自己的理想。乾隆间署名三山病夫通理的《重刊菜根谭序》中则说："凡种菜者，必要厚培其根，其味乃厚。"并引古语"性定菜根香"，说明只有心性淡泊沉静的人，方能领会其中的旨意。

《菜根谭》成书于明万历年间，距今已有近四百年的历史。在相当长的时间里，它并未受到足够的重视，在清乾隆年间编纂的《四库全书》中都未得以收录。但是近年来，一股《菜根谭》热风行于海内外，人们将其与《孙子兵法》《三国演义》等书一起视作中国传统文化的经典之作。

总之，《菜根谭》反映了明代知识分子佛、儒、道三教合一的思想。或者说，是著者糅合了儒家中庸之道、释家出世思想和道家无为思想，结合自身体验，形成的一套修身处世的绝胜智慧。

◎《菜根谭》序一

逐客孤踪，屏居蓬舍。乐与方以内人游，不乐与方以外人游也。妄与千古圣贤置辩于五经同异之间，不妄与二三小子浪迹于云山变幻之麓也。日与渔夫、田父朗吟唱和于五湖之滨、绿野之坳，不日与竞刀锥、荣升斗者交臂抒情于冷热之场、腥膻之窟也。间有习濂、洛之说者牧之，习竺乾之业者辟之，为潭天雕龙之辩者远之，此足以毕予山中伎俩矣。

适有友人洪自诚者，持《菜根谭》示予，且丐予序，予始迤迤然视之耳。既而彻几上陈编，屏胸中杂虑手读之，则觉其谭性命直入玄微，道人情曲尽岩险。俯仰天地，见胸次之夷犹；尘芥功名，知识趣之高远。笔底陶铸，无非绿树青山；口吻化工，尽是鸢飞鱼跃。此其自得何如，固未能深信，而据

所擒词，悉砭世醒人之吃紧，非入耳出口之浮华也。

谭以“菜根”名，固自清苦历练中来，亦自栽培灌溉里得，其颠顿风波、备尝险阻可想矣。洪子曰：“天劳我以形，吾逸吾心以补之；天厄我以遇，吾享吾道以通之。”其所自警自力者又可思矣。由是以数语弁之，俾公诸人人，知菜根中有真味也。

（此序为洪自诚好友于孔兼所作。于氏明金坛人，字元时，万历年间进士，官至礼部仪制郎中。后因直言极谏而遭贬迁。晚年自号“三峰主人”。罢官田里后隐居二十年。）

◎《菜根谭》序二

戊子之秋，七月既望，余以抱病在山，禁足阅藏。适岫云监院琮公由京来顾，出所刻《菜根谭》书，命余为序。且自言其略曰：“来琳初受近圆，即诣西方讲席，听教于不翁老人。参请之暇，老人私诫曰：‘大德聪明过人，应久在律席，调伏身心，遵五夏之制，熟三聚之文，为菩提之本，作定慧之基。何急急以

听教为哉？’居未几，不善用心，失血莫医。自知法缘微薄，辞翁欲还岫云。翁曰：‘善！察尔因缘，在彼当大有振作。但恐心为事役，不暇研究律部。吾有一书，首题《菜根谭》，系洪应明著。其间有持身语，有涉世语，有隐逸语，有显达语，有迁善语，有介节语，有仁语，有义语，有禅语，有趣语，有学道语，有见道语，词约意明，文简理诣。设能熟习沈玩而励行之，其于语默动静之间，穷通得失之际，可以补过，可以进德，且近于律，亦近于道矣。今授于尔，宜知珍重！’时虽敬诺拜受，究竟不喻其为药石意也。厥后历理常住事务，俱忝要职。当空花之在前，不识元由眼里之翳；认水月以为真，岂知惟是天垂之影。由是心被境迁，神为力耗，不觉酿成大病。幸未及于尽耳！既微瘥间，无以解郁，因追忆往事，三复此书。乃悟从前事事皆非，深有负于老人授书时之意焉！惜是书行世已久，纸朽虫蠹，原板无从稽得。于是命工缮写，重付刊刻，请弁言于首，启迪天下后世。俾见闻读诵者，身体力行；勿使如来琳老方知悔，徒自惭伤，是所望也！”

余闻琮公之说，抚卷叹曰：“夫洪应明者，不知为何许人，其首命名题，又不知何所取义，将安序哉？”窃拟之曰：“菜之为物，日用所不可少，以其

有味也。但味由根发，故凡种菜者，必要厚培其根，其味乃厚。是此书所说世味及出世味，皆为培根之论，可弗重欤？”又古人云：“性定菜根香。”夫菜根，弃物也，如此书，人多忽之。而菜根之香，非性定者莫喻，如此书，唯静心沈玩者，乃能得旨。是与？否与？既不能反质于原人，聊将以俟教于来哲！即此为序。

时乾隆三十三年，中元节后三日，三山病夫通理谨识

◎《菜根谭》序三

余过古刹，于残经败纸中拾得《菜根谭》一录。翻视之，虽属禅宗，然于身心性命之学，实有隐隐相发明者。亟携归，重加校雠，缮写成帙。旧有序，文不雅驯，且于是书无关涉语，故芟之。著是书者为洪应明，究不知其为何许人也。

乾隆五十九年二月二日，遂初堂主人识

《菜根谭全集》阅读指南

- 全面完整、权威的国学大全集。
- 彩色插图及全文双色印刷，既保持经典本色，又保证轻松阅读。
- 装帧独特别致，雅俗共赏。

原　典

- 遴选精编的完整版本，再现古书原汁原味风貌。

译　文

- 权威、准确、客观的白话译文，使您通晓古籍智慧，畅通无阻。

阅典笔记

- 将古人的思想与今人的智慧相结合，启发对经典的领悟。

阅典笔记

古代官场中四处布满陷阱满荆棘，因此才有“善泳者死于溺，玩火者必自焚”，“香饵之下必有死鱼”的说法。所以作者劝诫人们为人处世要想不误蹈陷阱误踏荆棘，最好是把荣华富贵和高官厚禄都看成过眼烟云。的确，一个人如果不希冀官场的升迁就自不会去投机钻营，不会去阿谀奉承，就会无所畏惧，那权势又奈我何？馅饼对于想图功名者来说才是陷阱，而对于轻名利者则不是陷阱，权势对于小人，对希图荣达者自有一番诱惑。

八

原典

徜徉于山林泉石之间，而尘心渐息；夷犹于诗书图画之内，而俗气潜消。故君子虽不玩物丧志，亦常借境调心。

译文

人如果经常漫步山川林泉岩石之间，就能使凡念渐去；人如果能经常流连在诗词书画的雅境，就会使俗气消失。所以有才德修养的人，虽然不会沉迷于飞鹰走狗而丧失本来志向，但是也需要经常找个机会接近大自然来调剂身心。

阅典笔记

有才德有修养的人隐居林泉是为超凡养性，沉浸字画是为寄情抒怀，融汇自然则是为调节身心愉悦情绪。有的人建别墅庭园，藏书画古玩，养珍禽异兽，表面看来风雅脱俗，回归自然，但贪念不消，本质不改也只能算是附庸风雅。而沽名钓誉更俗不可耐。人是可以改变的，近朱者赤，近墨者黑，环境的雅俗，也确实能改变一个人的气质雅俗。一个坐拥产业的人，平日无意中就会读很多书，他的谈吐见解自然也就渐渐不凡。可见人不但要借山林泉石的幽雅环境来培养自己的气质，同时也要用书香气氛充实自己的内在素质才行。在一种高雅脱俗、充满书卷气的环境里，耳濡目染于其中的人，也自然会受到潜移默化的影响。

修身处世的绝胜智慧

- 编排灵活，内容丰富，旁征博引的阅读延伸，具有很强的阅读趣味。
- 囊括古人注解和现代名家对国学精辟理解的经典。
- 实用的分析解读，帮您将国学智慧迅速转化为世事洞明的人生指南。

九

春日气象繁华，令人心神骀荡；不若秋日云白风清，兰芳桂馥，水天一色，上下空明，使人神骨俱清也。

春天万象更新，大地百花齐放一片繁华一派生机，使人感到精神舒适畅快；但是却不如秋高气爽时的清风拂面，兰桂飘香，水连天天连水水天一色，天朗气清大地辽阔，使人感到精神爽朗，轻快异常。

唐朝刘禹锡有名诗："自古逢秋悲寂寥，我言秋日胜春朝。晴空一鹤排云上，便引诗情到碧霄。"正好说明了这段文字表达的景象。因为秋天会给我们带来肃杀之气。作者于此并非比较春与秋孰美。天地万物有生必有死，有盛必有衰。人对景物的爱憎，也完全是基于心情和观念。春天的清新就好比人的青少年时代，虽然具有青春活力，然而在某些方面却显得不成熟；秋天是收获的季节，也是万物走向衰亡的开始，万物至此得以成熟。大自然到秋天已度过了那雍容华贵万紫千红的夏季，此时已渐渐显出本来之面目，犹如人的本性显现而达到净洁的境界，秋高气爽，水天一色，上下空明，人在此中神骨

精美古画

- 精美的古典绘画作品，与原典相得益彰。

目录

成长篇

一

原典

生长富贵家中，嗜欲如猛火，权势似烈焰，若不带些清冷气味，其火焰不至焚人，必将自烁矣。

译文

生长在豪富权贵之家的人，不良嗜好的危害有如烈火，专权弄势的脾气有如凶焰，假如不及早清醒，用清淡的观念缓和一下强烈的欲望，那猛烈的欲火虽然不至于焚烧到别人，也一定会把自己灼伤。

阅典笔记

人的欲望是无止境的，有了财富还希望有权力，有了权力还希望满足其他想法。如果没有一个良好的道德水准，没有一定的理智，那么就容易胡作非为，任性胡来。从这个意义来说，欲念好比是烈火，理智好比是凉水；凉水可以控制烈火，理智可以控制欲念。一个生长在富贵之家的人，没有道德修养来缓和一下各种欲念，那他就会随心所欲为非作歹，声色犬马尽情欢乐，不但腐蚀人心危害社会，也必然会走向“自烁”的毁灭之途。可见一个人的道德修养、思想境界很重要，尤其是有了一定物质基础的人，如果不注意培养自己高尚的情操，没有一个正确的人生观，那么他的各种欲望就会恶性膨胀，不仅会毁掉他的财富，也会使他自己的精神处于崩溃状态，而自毁其生。

二

原典

人心一真，便霜可飞，城可陨，金石可镂；若伪妄之人，形骸徒具，真宰已亡，对人则面目可憎，独居则形影自愧。

译文

一个人的精神修养功夫如果能达到至诚地步，就可以感动上天变不可能为可能：邹衍受了委屈感动了上天竟在盛夏降霜为他打抱不平，杞植的妻子由于悲痛丈夫战死竟然哭塌了城墙，甚至就连最坚固的金石也会由于精诚所至而被凿穿。反之一个人如果心存虚伪邪恶的念头，那他只不过是空有人的形体架势而已，肉体虽存但灵魂早已死亡，与人相处会使人觉得面目可憎而惹人讨厌；一人独处，面对自己的影子也会觉得万分羞愧。

阅典笔记

历史上许多情动天地的故事，有的像是神话；现实生活中也有许多情深意切的事迹。在人的世界，人们总是盼望真情，所以对情动天地的故事总是互相传颂，代代流传。没有真情的人生太累，没有真情的伪君子体会不了人间的温暖。所以追求真诚的路虽艰难，但人们总在追求。虽然生活中那些虚情假意的人会得意于一时，权倾于一时，富贵于一时，但人们相信这类人会受天理循环的报应，会受自己良心的谴责。人间处处真情在，人的至诚不是只对待人处世而讲，首先是对自己而言。人连自己都不相信，都要欺骗，岂不悲哉！

三

原典

文章做到极处，无有他奇，只是恰好；人品做到极处，无有他异，只是本然。

译文

文章写到登峰造极的水平，并没有什么奇特的地方，只是把自己的思想感情表达得恰到好处；人的品德修养如果达到炉火纯青的境界，和平凡人没有什么特殊的区别，只是使自己回归到纯真朴实的本性而已。

阅典笔记

历史上有唐宋古文运动，其目的就是反对此前文坛堆砌辞藻无病呻吟之风，提倡直抒胸臆有真情实感之文。因为这样的文章才能代表真实思想。就像童心惹人喜爱，就是他们一切都是出于纯真的自然本性，丝毫没有一点造作。做人同样如此，贵在自然，假如我们每个人都能真诚待人，这个社会也就安宁多了。前人提倡说老实话，办老实事，做老实人，实际上就是讲做人要回归本然，不要给自己套上伪装；当然，这里的回归本然是指经过一番修省磨炼以后高一个层次的回归，这种回归使人的言行变得自觉而高尚。

四

原典

不责人小过，不发人阴私，不念人旧恶。三者可以养德，亦可以远害。

译文

不要轻易责难他人所犯的小过错，也不要随便揭发他人生活中的隐私，更不要对他人以往的错处耿耿于怀。这三大做人的原则，不但可以培养自己的品德，也可得以避免意外灾祸。

阅典笔记

以上三点说的都是我们日常生活中经常碰到的事情，也是常常被忽略的事情。其实做好这三件事情并不容易，因为这三点也正是我们人类的弱点。背地里议论别人的长短，津津乐道别人的隐私，为一点小事记仇不愉快，造成了人际关系的紧张，也惹出一些意外的麻烦。这些事情看起来小，做出来麻烦却大，所以不要随便乱说，也不要念人旧仇，要宽恕待人，养德远害。

五

原典

怨因德彰，故使人德我，不若德怨之两忘；仇因恩立，故使人知恩，不若恩仇之俱泯。

译文

怨恨会由于善行而更加明显，所以与其行善而让人感恩于我，不如让人把赞美和埋怨都忘掉；仇恨会由于恩惠产生，可见与其施恩而希望人家感恩图报，不如把恩惠与仇恨两者都消除。

阅典笔记

恩仇德怨是相对的，在一定条件下可以相互转化，人们都知道“由爱生恨”“由恩变仇”的道理。所以不想让人怨恨自己，最好的办法就是不让他人感念自己的恩德。但一个人的立身处世，并不是没有原则，像不倒翁，像个三朝元老那样八面玲珑是不对的。历史上杀身成仁的事很多，这些人即使已有美名，有丰功伟业，大义当前，仍毫不犹豫舍身而死。耶稣冤死在十字架上，苏格拉底死在毒酒下。可见大丈夫做人做事，只要俯仰无愧，世俗小人与邪恶之徒的怨恨非议是不足计较的。所以做事要从大处着眼，恩仇德怨也要从全局来看，不能限于某人某事而论长短。

六

原典

公平正论不可犯手，一犯手则贻羞万世；权门私窦不可著脚，一著脚则玷污终身。

译文

社会大众所公认的规范不可以触犯，触犯了那你就会遗臭万年；凡是权贵人家营私舞弊的地方千万不可踏进去，走进去了那你一辈子的清白人格就会被玷污。

阅典笔记

每个人都有自己的处世原则，正直的人则有正直的原则。一个有操守讲气节的人，宁可穷困也不依附权贵，因为那种阿谀奉承达官贵人的言行和正直的人格水火不容。一个正直的人同样不会去违背公德，触犯国法，他的操守决定了他不会去做。正因为不依附权贵，又奉公守法，那么就不可能去坑害公家致富，污损别人发财，他就会安贫乐道，保持清白的人格。

七

原典

当怒火欲水正腾沸处，明明知得，又明明犯著。知的是谁，犯的又是谁？此处能猛然转念，邪魔便为真君矣。

译文

当怒火上升、欲念翻滚时，虽然他自己也明知这是不对的，可是他又明明触犯着不加控制。知道这种道理的是谁呢？明知故犯的又是谁呢？假如当此紧要关头能够突然改变观念，那么邪魔恶鬼也就会变成慈祥命运的主宰了。

阅典笔记

生活中，很多人喜欢给自己大书一个"忍"或"制怒"的座右铭，这说明人们都能意识到"怒火欲水"之害，但又很难一下子控制得了。要把人这种本能情感逐步理智化，是需要一个修省过程的，要逐步以自己的毅力把这种怒气和欲望控制住，才可能使一切邪魔都成为我的精神俘虏，使自己转而变得轻松愉快。怒火欲水本是一念之间的事，修养好了，一念之间可以使自己变得高雅；杂念多了，便逐渐庸俗，以至养成许多恶习，烦恼就越发多了。

八

原典

毋偏信而为奸所欺，毋自任而为气所使；毋以己之长而形人之短，毋因己之拙而忌人之能。

译文

一个人不要误信他人的片面之词，以免被一些奸诈之徒所欺骗；不要过分信任自己的才干，以免受到一时意气的驱使。不要仰仗自己的长处去对比人家的短处，不要由于自己笨拙就嫉妒他人的才能。

阅典笔记

生活中常常有些人自认为有本事就傲气待人，由于有些能力，就很自信，往往瞧不起不如自己的人，以致目无一切；而对自己的不足往往喜欢掩饰。一个修养好的人，往往具备公正、无私、诚恳、同情的品性，而偏袒、自私、欺骗、嫉妒则往往在修养较差的人身上表现出来。一个人其善良的本性一旦蒙尘，劣性便占了上风。可见，一个人究竟是君子还是小人，其关键完全在于操之于己的修行磨炼。人有本领、能力强是好事，但如果因而形成许多恶习，便变成了坏事。

九

原典

霁日青天，倏变为迅雷震电；疾风怒雨，倏转为朗月晴空；气机何尝一毫凝滞？太虚何尝一毫障塞？人之心体，亦当如是。

译文

万里晴空，会突然乌云密布电闪雷鸣；狂风怒吼倾盆大雨之时，会突然转为皓月当空，万里无云。可见主宰天气变化的大自然一时一刻也不曾停止运转，而天体的运行何曾发生丝毫的障碍？所以我们人类的心理也要像大自然一样使喜怒哀乐的变化合乎理智准则。

阅典笔记

古人讲天人合一，儒家思想一向很注重天道，《易经》中就有“天行健，君子以自强不息”。宇宙中的星球，各自遵循自己的轨道运行，但假如其中任何一颗星球脱离轨道，便会给宇宙带来空前的大混乱。无生命的星球都能懂得遵行轨道运行，有灵性的人类更应按照天道来实践人道，这就是儒家学说中天人合一思想的理论根据。现代人当然不信天人合一，但在无常的变化中人应持什么样的态度和自己的修养有关。一个修养深厚的人应时时保持一种超然的心态，这样才能处变不惊，理智处事。

十

原典

胜私制欲之功，有曰识不早力不易者，有曰识得破忍不过者，盖识是一颗照魔的明珠，力是一把斩魔的慧剑，两不可少也。

译文

战胜私情克制物欲的功夫，有人说是由于没及时发现私欲的害处而又没坚定的意志去控制，有人说虽然能看清物欲的害处却又忍受不了物欲的吸引，所以一个人的智慧是认识魔鬼的法宝，而意志等于是一把消灭魔鬼的利剑，法宝和利剑是战胜私欲不可缺少的。

阅典笔记

每个人都知道自私自利是一种不好的行为，可是每个人都很难做到控制私心私欲，甚至还有一句“人不为己，天诛地灭”的谚语为自私自利的人作辩解。人们之所以难以控制私心杂念，除意志、理性等修为外，还在于所受教育、社会环境等因素。在人与人的交往中，只有你献出爱去关心别人，别人同样来关心你，社会才会和谐，才有温暖。一个太自私或物欲太强的人，多半都会遭受别人的排斥。那么，一个想在事业上有所成就的人战胜不了自己的私欲，也团结不了人，何谈事业的成功？所以自私会成为自己前途事业的一大障碍，可能到最后由于自私自利还会自毁前程。所以，归根结底，消除私欲首先要加强修养来战胜自己。

十一

原典

觉人之诈不形于言，受人之侮不动于色，此中有无穷意味，亦有无穷受用。

译文

发觉被人家欺骗不要在言谈举止中表露出来，遭受人家侮辱时也不要怒形于色。一个人能够有吃亏忍辱的胸襟，在人生旅程上自会觉得妙处无穷。

阅典笔记

古人处世待人讲究喜怒不形于色。被人欺骗当然有受愚弄的感觉，假如你立刻揭穿他，有时会招来意外之祸，因为对方可能在得意之时转为恼羞成怒加害于你；而遭受他人的凌辱，是更让人难堪的事。所谓不动于声色，是指不违背社会公德的有原则的忍让，如为些许小事大动干戈是得不偿失的，在明显力量悬殊的情况下被一时的怒气所激发也是不智之举。息事宁人，以退为攻都是解决问题的方式。但是忍让、退让需要有涵养，只有涵养深厚才能做到所谓“大量能空，不动声色”。

十二

原典

横逆困穷是锻炼豪杰的一副炉锤，能受其锻炼则身心交益，不受其锻炼则身心交损。

译文

横逆困难是锤炼英雄豪杰心性的洪炉，接受这种锻炼对形体与精神均有益处，反之如果承受不了这种恶劣环境的煎熬，那么将来他的肉体和精神都会受到损伤。

阅典笔记

孟子有段名言："天将降大任于斯人也，必先苦其心志，劳其筋骨，饿其体肤，空乏其身，行拂乱其所为，所以动心忍性，增益其所不能。"一个人处世没有经过一番忧患并不是好事；尤其是青年人刚刚进入社会，对未来充满美好的憧憬，雄心万丈，壮志凌云，可人生的路往往是多起多伏的，不如意事常八九，是靠自己的意志克服困难，还是像以前那样去寻找父母的庇护，或者一蹶不振，真可谓是人生的三岔口。如果不经过一番艰苦磨炼，将来不但很难给自己创造光明前途，也很难为国家社会肩负起艰巨任务，所谓"忧危启圣智，厄穷见人杰"，温室的花是经不起风雨的。不论是惊天动地的大事业，还是引车卖浆的小手艺，固然是条条大道通罗马，但每条路都是坎坷不平的，都是要在刻苦磨炼中战胜外来的艰难险阻，克服内心的消沉意志才可能成功。

十三

原典

吾身一小天地也，使喜怒不愆，好恶有则，便是燮理的功夫；天地一大父母也，使民无怨咨，物无氛疹，亦是敦睦的气象。

译文

我们自己的身体就等于是一个小世界，不论高兴或愤怒都不可以犯错误，尤其对于好恶的东西也要有一定标准，这就是谐和调整的功夫；大自然就像人类的大父母，要让每个人没有牢骚怨尤，使万物没有灾害而顺利成长，这也是造物者的一番恩德，天地间一片平和的景象。

阅典笔记

古人讲究天人感应，我们可以理解为一种类比，即天地有春夏秋冬四季的运行，以及风雨阴阳的调和而使万物生育。人体有喜怒哀乐的情绪，由好坏善恶构成人格气质。假如天地经常狂风暴雨或者暴日久旱，就不会孕育出好的生命。同理，一个人假如整天狂喜暴怒，就不能培养出完美的人格和良好的气质。所以我们由大自然的变化完全可以反思人自身。但是天地变化有时还处于不可知状态，而人的气质性格却决定于人的修养和所处的社会环境。

十四

原典

德随量进，量由识长。故欲厚其德，不可不弘其量；欲弘其量，不可不大其识。

译文

人的品德会随着气度的宽大而增进，气度会由于人生经验的丰富而更为宽宏。因此，想要深厚自己的品德就不能不使自己的气度宽宏；宽宏自己的气度，就不能不增加自己的生活历练，丰富人生知识。

阅典笔记

常言“德高望重”“量宽福厚”，德跟量是互为因果的。只有品德高尚才会度量宽宏，其结果是在社会上受到人们尊敬，取得应有地位。而要有高尚的品德就必须先有高深的学问，有了高深的学问待人接物才会有远大眼光，眼光远大做事就不易发生谬误，处世也少有过与不及的缺憾，无往而不利。学问又分作书本知识和人生经验两大类，一个是死的，注重思考探求；一个是活的，要求实践总结。二者的目的都在于增强观察力和判断力，分辨是非曲直，分出善恶邪正。能知善恶邪正才可行善去恶，从正辟邪。增加学问是德、量的一个重要基础，是增量进德的一个有效方式，而量弘德进又是做学问做人的基础。

十五

原典

一灯萤然，万籁无声，此吾人初入宴寂时也；晓梦初醒，群动未起，此吾人初出混沌处也。乘此而一念回光，炯然返照，始知耳目口鼻皆桎梏，而情欲嗜好悉机械矣。

译文

在微弱夜灯中，大地无声，万籁俱静，这是我们身心刚刚进入休息时；清晨夜梦过后才醒，万物还没有开始一天的活动，这是我们刚从朦胧的梦境中走出来。这刚刚安息和刚刚睡醒的一刹那间，好像有一线灵光闪烁在我们脑海，这时会突然使我们的内心有所醒悟，才知道耳目口鼻都是束缚我们心智的桎梏，而情欲嗜好也全是使我们性灵堕落的工具。

阅典笔记

人们为了寻求内心的平衡，为了求得心灵安宁，从古到今苦苦探索。人不可能与世隔绝，不闻外物的进入。夜间睡觉时，精神与肉体相对进入安宁状态，此刻没有善恶苦乐之分，像开天辟地之初的浑沌时期。从梦中睡醒，身心回到现实，不再空虚，又有了实际行动，是非善恶观念便又开始发生。所以在夜深人静万籁俱寂时，我们要像曾子那样，以是非善恶的标准反省自己，反省由于耳鼻目口所产生的情欲在静寂中，在是非标准中是否有违道义。当然，不能割掉耳目口鼻来阻止物欲的需求，否则人岂不是变成无情无欲的顽石枯木？在万籁俱寂中反省、觉悟，会感受到世外之物与精神是相辅相成的。人处在一种空寂与现实的困扰中，往往是矛盾的。保持心灵的虚空寂静，在这方面多下些苦功夫，经常反省自己，不失为修身养性的一种好办法。

十六

原典

处己者触事皆成药石，尤人者动念即是戈矛。一以辟众善之路，一以浚诸恶之源，相去霄壤矣。

译文

经常作自我反省的人，日常接触的事物，都成了修身戒恶的良药；经常怨天尤人的人，一考虑解决问题的方法就想着与人争斗。前者开辟了很多条良善的道路，后者则好比打开了万恶之源的闸门。两者之间真是天壤之别。

阅典笔记

每个人看问题的方法不一样，站的角度不一样，得出的结论自不相同，所以一个人肯多作自我检讨，万事都可变成自己的借鉴。孔子说“见贤思齐，见不贤而内自省”。“内省”就是一种“反己”功夫。但是生活中的很多现象往往是相反的，遇到了种种矛盾往往埋怨对方，碰见了冲突总是指责对方，什么事总是自己对，总是从自己的角度出发。这种人对物质利益显得自私，在人际交往上同样自私，因为不能自省，所以总觉得不平衡，总难进步。

十七

原典

水不波则自定，鉴不翳则自明。故心无可清，去其混之者而清自现；乐不必寻，去其苦之者而乐自存。

译文

没有被风吹起波浪的水面自然是平静的，没有被尘土掩盖的镜子自然是明亮的。所以人类的心灵根本无须去刻意清洗，只要除去心中的邪念，那平静明亮的心灵自然会出现；日常生活的乐趣也根本不必刻意追求，只要排除内心烦恼，那么快乐幸福自然会呈现。

阅典笔记

儒家思想认为“人之初，性本善”，王阳明说“良知”，《大学》一书中说“明德”。只要排除心中的杂念和邪恶思想，人的心地就会大放光明普照世间，只要这种善良的本性不受杂念困扰，人的日常生活自然就会快乐，根本不必主动去追求。人类的一切痛苦烦恼都是出自邪恶杂念，而这种邪恶杂念多半出自庸人自扰，“天下本无事，庸人自扰之”。人当然不能脱离现实世界而生存，保持内心绝对纯洁。但如何对待外界的干扰，怎样认识客观世界的变化，是与主观认识水平的高低和自己的修养学识相联系的。排除了私心杂念，以便保持一种高尚的追求，人在事业中就可以保持一种愉快的心情，精神状态也会饱满。

十八

原典

节义傲青云，文章高白雪，若不以德性陶熔之，终为血气之私，技能之末。

译文

气节和正义足可傲视任何达官，情真而生动的文章足以比过《白雪》名曲。然而如果不用高尚的道德来陶冶它们，所谓的气节与正义不过是出于一时意气用事或感情冲动，而生动的文章也就成了微不足道的雕虫小技。

阅典笔记

这里的德是从远大的志向、高尚的追求来讲的。陶土经过烧炼才能成为器皿，铁砂经过熔炼才能成为钝钢。一个人不论如何清高或有学问，如没有高尚的品德来配合，没有一种为大众利益献身、为社会公益服务的主旨而只限于一己之私、一隅之见，那么这种清高和学问就成为不受世人重视的“血气之私，技能之末”，成了微不足道的孤高和雕虫小技。这是不足取的。这种人自我清高，咏诵风雅可以，却于世无补。

十九

原典

德者事业之基，未有基不固而栋宇坚久者；心者修行之根，未有根不植而枝叶荣茂者。

译文

一个人的品德是他一生事业的基础，如同兴建高楼大厦，假如不事先把地基打稳固，就绝对不能建筑坚固耐久的房屋。善良的心是一个宗族子孙兴旺、万代长久的最根本原因，就像栽花种树一样，如果没有种下根茎，就不可能有枝叶茂盛、繁花似锦的景象。

阅典笔记

品德的修养是人生的基础，决定一个人一生行事是善是恶是美是丑。一个人没有好的品德，再好的学识不但不能有益于人，可能还会害人，而且知道越多害人越深，权势越大破坏愈广。一个品行不端的人，很难在事业上有所成就，即便可能荣耀于一时，但终究会贪赃枉法、害人害己、误国误民，爬得高摔得重。所以成功的事业者必须德才兼备。

二十

原典

为善不见其益，如草里冬瓜，自应暗长；为恶不见其损，如庭前春雪，当必潜消。

译文

行善事表面上可能看不到什么好处，但就像一个长在草丛中的冬瓜，自然会在暗中一天天长大结果；做坏事的人，虽说表面上看不出有什么坏处，但就像春天院子里的积雪，只要阳光一照射自然就会融化消失。

阅典笔记

佛说："善有善报，恶有恶报，不是不报，时候未到。"所表明的也是这个道理，善与恶有时不是马上可以见到结果的，但多行不义必自毙。做一件善事算不得善人，行一件坏事也不是坏人，但量的积累到了一定的程度就会发生质的变化。可见一个人绝对不能心存侥幸做坏事，早晚有一天可能东窗事发锒铛入狱。也不要认为自己平日人缘好，在自己的圈子里吃得开，就胆大妄为贪赃枉法。其实这种想法大错特错，早晚劣迹会被全部牵扯出来。天网恢恢，做恶事的人不望人知，但法律无情，疏而不漏；行善的人不望人报也就不望人知，但人们心里总会明白，每件善事犹如种子在人的心里，伺机便会发芽。

二十一

原典

凭意兴作为者，随作则随止，岂是不退之轮？从情识解悟者，有悟则有迷，终非常明之灯。

译文

凭一时感情冲动和兴致去做事的人，等到热度和兴致一过事情也就跟着停顿下来，这哪里是能坚持长久奋发上进的做法呢？从情感出发去领悟真理的人，有能领悟的地方也会有被感情所迷惑的地方，这种做法也不是一种永久光亮的灵智明灯。

阅典笔记

这是用佛理喻世事。“不退之轮”，就是佛经里所说的法轮。如来说法时，经常运用佛法摧毁众生的执迷邪恶，使众生恍然大悟之后转成正见，这种道理很像车轮压过的地方一切邪见都被摧毁。有时也叫“不退转轮”。“不退之轮”，是说进德修业的心永不停止。此处反过来看，人们做事很少从理性出发，往往凭借一时的兴致，难持之以恒。而理解事物缺乏一定之见，情之所至地拆东墙补西墙，就更难以领悟人生真谛。

二十二

原典

能脱俗便是奇，作意尚奇者，不为奇而为异；不合污便是清，绝俗求清者，不为清而为激。

译文

思想超越一般人又不沾世俗气的人就是奇人，可是那种刻意标新立异的人不是奇而是怪异；不同流合污就算是清高，可是为了表示自己清高就和世人断绝来往，那不是清高而是偏激。

阅典笔记

当一种新的思潮涌现的时候，人们对不破不立的观点很欣赏，在行动上往往是有过之而无不及。在俗与雅，庸俗与清高的选择上，很多人赞赏清高儒雅的人。一个人如果能舍弃名利，当然值得景仰。可是假如为了提高知名度就标新立异故作怪论，这种人实际上是俗人伪装的怪人，是一种沽名钓誉的小人。处于污浊俗世而心却不受沾染的人，他的品德就像莲花出污泥而不染，会永远保持洁净。假如心存俗念却又矫揉造作跟世俗断绝，以标榜自己的清高，这是一种偏激狂妄的行为。清而奇是旁人的想法。对一个修养好的人来讲，保持清白高雅的境界是很自然而无须造作的事，李白诗云“清水出芙蓉，天然去雕饰”即此意。

二十三

原典

心虚则性现；不息心而求见性，如拨波觅月。意净则心清；不了意而求明心，如索镜增尘。

译文

内心了无一丝杂念，人的善良本性才会出现；心神不宁而想要发现本性，那就像拨开水波来找月亮一般，越拨越是找不到。意念清纯时脑海才会清明；假如不解除烦恼而想心情开朗，那就等于想在落满灰尘的镜子前面照出自己的样子，徒增尘土。

阅典笔记

心虚意净是为了在大彻大悟中发现本性，还我本来面目。

寻根究底，一切是受本性的操纵。只有内心了无杂念时本性才会出现，如果善恶、是非、爱憎等各种杂念缠绕心头，要想发现本性就等于雾里看花、水中捞月一般。坐禅论道固然需要心虚意净、明心见性，修身养性同样需要如此，以摒除私心杂念，培养高尚品德。

二十四

原典

心体便是天体，一念之喜，景星庆云；一念之怒，震雷暴雨；一

念之慈，和风甘露；一念之严，烈日秋霜。何者少得？只要随起随灭，廓然无碍，便与太虚同体。

译文

人的心体就是天体，人的灵性跟大自然现象是一致的。人在一念之间的喜悦，就如同自然界有景星庆云的祥瑞之气；人在一念之间的愤怒，就如同自然界有雷电风雨的暴戾之气；人在一念之间的慈悲，就如同自然界有和风甘霖的生生之气；人在一念之间的冷酷，就如同自然界有烈日秋霜的肃杀之气。人有喜怒哀乐的情绪，天有风霜雨露的变化，有哪些又能少了呢？人的修养假如也能随大自然的变化起灭，在生生不息的广大宇宙毫无阻碍，达到这种境界，就可以和天地同心同体了。

阅典笔记

古人主张天人合一，以为大自然变化和人体内部变化是相对应的。我们可以视其为一种比喻。人的生活离不开自然万物，大自然的变化对人本身的影响是不言而喻的。道家主张“人法自然”，这样才能胸襟开阔；儒家主张仁民爱物，这样才能有爱人的精神。不管怎么说，天地的风霜雨雪无私地养育了人类万物，人的友爱精神、人的胸襟也应该与上天一样开阔无私，造福同类。

二十五

原典

标节义者，必以节义受谤；榜道学者，常因道学招尤。故君子不近恶事，亦不立善名，只浑然和气，才是居身之珍。

译文

标榜节义的人，到头来必然因为节义受到批评诋毁；标榜道学的人，经常由于道学而招致人们的夹击。因此一个有德行的君子平日既不接近坏人做坏事，也不标新立异建立声誉，只须做到纯朴敦厚，因为这才是立身处世的无价之宝。

阅典笔记

古人说的“出淤泥而不染，濯清涟而不妖”并未过时。当今时代，唯有做到洁身自好才不至于遭受批评、污蔑。还是那句话：“做人要厚道。”

二十六

原典

一念慈祥，可以酝酿两间和气；寸心洁白，可以昭垂百代清芬。

译文

一念之间的慈祥，可以创造人际的和平之气；心地纯洁清白，可以使美名千古流传。

阅典笔记

元代诗人王冕题《墨梅》的诗句曾写道：“不要人夸颜色好，只留清气满乾坤。”从古至今，这样咏怀言志的诗文举目皆是，这正如俗谚“豹死留皮，人死留名”，说明人要爱惜自己的名誉。历史上最有名的例子如东汉曾有昌邑令，夜间怀巨金贿赂杨震说：“暮夜无知者。”杨震回答说：“天知、地知、我知、子知，何谓无知？”结果杨断然拒绝贿金维护了自己的清白人格，因此才有“震畏四知”一语出现。拒贿是为官清廉的一种表现。日常生活同样要检点自己，从待人到律己都应注意维护声誉，保持心灵的完美，所谓与人为善，处事勿贪。修身养性须从一点一滴做起，以便保持寸心洁白而留清气。

二十七

原典

夸逞功业，炫耀文章，皆是靠外物做人。不知心体莹然，本来不失，即无寸功只字，亦自有堂堂正正做人处。

译文

夸赞自己的功业，炫耀自己的文章，这都是靠外物来增加自身光彩，却不知人人内心都有一块洁白晶莹的美玉。所以一个人只要不丧失人类原有的纯朴善良本性，即使在一生之中没留下半点功勋，没留下片纸只字的著作文章，也算是堂堂正正地做人。

阅典笔记

《左传》："太上有立德，其次有立功，其次有立言，虽久不废，此之谓不朽。"可见立德为最重要，其次才为立功、立言，例如品德垂范千古的孔子、孟子、屈原等古圣先贤，功业流传千古的汉武帝、唐太宗等。不可能每个人都像这些历史名人一样名垂千古，但在日常生活中，要堂堂正正做人，也必须先立德立身，使自己的行为符合规范，保持自然之态，在此基础上去建功立业，这样即使毫无功业，也不失为一个正人君子。

二十八

原典

持身不可太皎洁，一切污辱垢秽要茹纳得；与人不可太分明，一切善恶贤愚要包容得。

译文

立身处世不可自命清高，对于所有污浊、屈辱、丑恶的东西都要能容忍接受；与人相处不能太过计较，对于善良的、邪恶的、智慧的、愚蠢的人都要能够理解包容。

阅典笔记

人不是生活在真空里，要和各种各样的人打交道，必然不能事事按自己的意愿来办事，这就必须学会适应社会和人生。李斯曾说："泰山不让土壤，故能成其大；江海不择细流，故能就其深；王者不却众庶，故能明其德。"这是一种王者气象。其实生活中也需要这样，所谓"人至察则无友，水至清则无鱼"，何况每个人有缺点也有优点，每个人看问题都有片面性，有的东西以为是对的，却偏偏是错；有的事以为别人错了，实际上因为自己认识上的不足而是自己错了。孔子对此的态度是明确的："三人行必有我师焉，择其善者而从之，其不善者而改之。"就是错的、污的、恶的，能容纳的本身便是把它作为向上向善的借鉴。

二十九

原典

纵欲之病可医，而执理之病难医；事物之障可除，而义理之障难除。

译文

放纵情欲的毛病还有医治矫正的可能，自以为是、固执己见的毛病却很难医治；做事遇到的障碍还可以克服，但是思想品德形成的习惯障碍却难排除。

阅典笔记

王阳明有句名言："去山中贼易，去心中贼难。"一个人如果自以为是，以为自己一贯正确，就不会承认自己有错，不承认自己有错当然不会有意识地改正自己的错误，这种人必然永远错下去也不知悔改。所以俗语才说"知过能改，善莫大焉"，而孔子更劝世人"过则勿惮改"。人没有不犯错误的，做人关键是敢于认错，善于吸取教训才会不断进步。人不会事事成功，只有善于总结经验的人才可能反败为胜，所谓"失败乃成功之母"。人不能把认识水平固定于一时一地，办事既不能只凭经验，也不可照搬教条，在自己心理上形成一种障碍。由做事之理可以对照修身之道，敢于认错改过，善于博取容纳，同样是个人道德品质中不可缺少的一部分。

三十

原典

山之高峻处无木，而溪谷回环则草木丛生；水之湍急处无鱼，而渊潭停蓄则鱼鳖聚集。此高绝之行，褊急之衷，君子重有戒焉。

译文

高耸云霄的山峰地带不长树木，只有溪谷环绕的地方才有各种花草树木的生长；水流特别湍急的地方无鱼虾栖息，只有水深而且宁静的湖泊鱼鳖才能大量繁殖。这是地势过于高绝、水流太过湍急的缘故。因此过于清高的行为，过于偏激的心理，是君子处人待世所必须戒除的。

阅典笔记

伟大寓于平凡，在平凡中见伟大的人才是真伟人。才德见于细人，从点滴做起，只有这样在大是大非面前才会显出品德的高尚。自命清高、孤芳自赏、标奇立异的人，属于“高绝之行，褊急之衷”之辈，是君子所不足取的。虽然有德之人、建功立业的伟人是不怕孤独的，因为真理往往在少数人的手里，像污泥中的莲花格外醒目，但这不是说人要把自己放到空中楼阁之中，让思绪永远停留在理想世界。因为人不可能离开现实世界生活下去。

三十一

原典

居盈满者，如水之将溢未溢，切忌再加一滴；处危急者，如木之将折未折，切忌再加一搦。

译文

当一个的权力达到鼎盛的时候，像是装满的水缸将要溢出，千万不能再增加一滴水；当一个人处在危急状况时，就像快要折断却还未折断的树木，千万不能再施加一点压力。

阅典笔记

人们讨厌贪得无厌的人。一个对个人物欲情欲无休止追求的人谈不上有什么好品德，更谈不上会对人们有什么贡献。对于贪图者而言，所谓“人心不足蛇吞象”，由于个人欲望永不知足也就永远生活在痛苦中，终会水满而溢，物极必反，否极泰来。凡事总是“身后有余忘缩手，眼前无路想回头”，可人们很难明白这个盈亏循环的道理。不过学业上就不能浅尝辄止，还真要有点贪图精神，要虚怀若谷，越是渴求越说明求知心切。和生活上的贪求正好相对，学业上要提防感到过满，而生活上应当防止满溢，这个人才可能在事业上有所作为。

三十二

原典

责人者，原无过于有过之中，则情平；责己者，求有过于无过之内，则德进。

译文

对待别人要宽厚，当别人犯过错时，像他没犯过错一样原谅他，这样才会心平气和；要求自己应严格，应在无过时也要时时找找自己的差距，这样才能使自己的品德进步。

阅典笔记

责己难，责人易。其实人在观察别人时应同时对照自己，人谁无过，能改就好；谅人之过，责己之失，必须“宽以待人，严于律己”，不能“见人之过易，见己之过难”。要做到这一点，除了要有宽广的胸怀外，关键要常常“闭门思过，防患未然”，像曾子所说的“吾日三省吾身”。为人处世之道，须先从严格要求自己做起。

三十三

原典

君子处患难而不忧，当宴游而惕虑；遇权豪而不惧，对茕独而惊心。

译文

君子虽然生活在恶劣环境中却绝对不忧心忡忡，可是安乐悠游时却能知道警惕，以免堕落迷途；君子即使遇到豪强权贵也绝不畏惧，但是遇到孤苦无依的人却具有同情心。

阅典笔记

修养深、品德高的人也是凡人，他们不同于凡人的地方首先在于他们有较强的意志力，不为外物所扰而坚持品性。所谓贫富是身外的境遇，君子处患难而不忧，是因为他们具有安贫乐道的精神。其次，他们在享乐安然的环境中能保持清醒，忧患意识强，故能防微杜渐。再次由于他们有高深的追求并领悟人生，故不屑权势更不惧权势。

三十四

原典

风恬浪静中，见人生之真境；味淡声稀处，识心体之本然。

译文

一个人在宁静平淡的环境中，才能发现人生的真正境界；一个人在粗茶淡饭的清贫生活中，才能体会人性的真实面目。

阅典笔记

生活在惊涛骇浪的变革时代，更能磨炼人的坚强斗志，却无暇顾及体会人生内心境界。生活在风平浪静的太平盛世，才能体会出人生真谛，也才有功夫、情致去体验。所以《庄子·缮性》篇有“恬以养志”的名言，强调在宁静中修炼身心，以达返璞归真之境。这种静而淡的田园生活曾吸引了无数人，形成古人出则济天下、入则隐山林的处世观。

三十五

原典

听静夜之钟声，唤醒梦中之梦；观澄潭之月影，窥见身外之身。

译文

夜阑人静听到远远传来钟声，可以惊醒人们虚妄中的梦幻；从清澈的潭水中观察明晰的月亮倒影，可以发现我们肉身以外的灵性。

阅典笔记

李白在《春夜宴桃李园序》中有“夫天地者，万物之逆旅，光阴者，百代之过客，而浮生若梦为欢几何”的感叹。有的人，在人生苦短的感叹中今朝有酒今朝醉，春宵苦短日高起。有的人则有志在短短的人生之旅中做出一番事业。对于一个人来讲，静夜悟道，月夜观影，万籁俱寂中忽然传来悠扬的钟声，可能豁然顿悟。心静之中，许多苦思冥想的东西可能会一下子彻悟，灵感被触发，而看清本我。

三十六

原典

寒灯无焰，敝裘无温，总是播弄光景；身如槁木，心似死灰，不免堕在顽空。

译文

微弱的灯光燃不起火焰，破旧的大衣不产生温暖，这都是造化弄人的景象；肉身像是干枯的树木，心灵犹如燃尽的死灰，这种人等于是一具僵尸，必然会陷入冥顽空虚中。

阅典笔记

佛家说“色即是空，空即是色”，但是空并非指任何东西都没有的虚空。虽然断绝了固执和物欲，实际上只是不自我作恶罢了。如果不进一步济世度人就毫无善果可言，如此活着也就等于死亡，一无可取之处。用这段话来谈人生也有同样的道理。一个人身如槁木，心似死灰，如寒灯无焰，似敝裘无温，于外界无知无觉，于内心空虚至极，与活死人何异？以此待人，只是别人为他服务，他却无益于别人，这种极端的安寂是不足取的。

三十七

原典

损之又损，栽花种竹，尽交还乌有先生；忘无可忘，焚香煮茗，总不问白衣童子。

译文

物质的欲望要减少到最低限度，每天种些花栽些竹，把世间烦恼交还乌有先生；脑海中了无烦恼，没有什么可以忘记的东西，每天都面对着佛坛烧香，提水烹茶，不问白衣童子为谁送酒而进入忘我境界。

阅典笔记

无为、修省并不是和世事绝缘。做事不宜提倡形式主义，关键是思想上要达到忘我之境。栽花种竹、焚香煮茗、闲云野鹤的生活可以忘我，可以隔去人世间许多烦恼；谈书论道，潜心研究学问，也可使一个人完全进入忘我状态。孔子说："发愤忘食，乐以忘忧，不知老之将至。"人之忘我境界，不能以形式而论，要从本质上看。

三十八

原典

色欲火炽，而一念及病时，便兴似寒灰；名利饴甘，而一想到死地，便味如嚼蜡。故人常忧死虑病，亦可消幻业而长道心。

译文

色欲像烈火一样燃烧起来时，只要想一想生病的痛苦，烈火就会变得像一堆冷灰；功名利禄像蜂蜜一般甘美时，只要想一想死时的情景，名位财富就会像嚼蜡一般无味。所以一个人要经常思虑疾病和死亡，这样也可以消除些虚幻的追求而增长一些进德修业之心。

阅典笔记

人在病中，会感到人生之虚幻与可悲，到了死地大概只剩求生一念了。

所以人平时做事应朝事物的对立面想想，而不是随心所欲，任意胡为。孔子说："君子有三戒：少之时，血气未定，戒之在色；及其壮也，血气方刚，戒之在斗；及其老也，血气既衰，戒之在得。"戒色可保寿，戒斗可免祸，戒得可全名。朱子说："圣人同于人者血气也，异于人者志气也。……君子养其志气，故不为血气所动，是以年弥高而德弥助也。"人生在世，宜控制自己的欲望而修些德性，做事勿为欲望迷失本性，终会有所作为的。

三十九

原典

出世之道，即在涉世中，不必绝人以逃世；了心之功，即在尽心内，不必绝欲以灰心。

译文

超脱凡尘俗世的方法，应在人世间的磨炼中，根本不必离群索居与世隔绝；要想完全明了智慧的功用，应在贡献智慧的时刻去领悟，根本不必断绝一切欲望，使心情犹如死灰一般寂然不动。

阅典笔记

不要以为穿上袈裟就能成佛，不要以为披上道氅就能全真，同理，披上件蓑衣、戴上项斗笠未必是渔夫，支根山藤坐在松竹边饮酒吟诗也未必一定是隐士高人。追求形式的本身未必不是在沽名钓誉。最能说明“不必绝人以逃世，不必绝欲以灰心”之理的，就是《孟子 · 滕文公下》所载匡章曰：“陈仲子岂不诚廉士哉？居于陵，三日不食，耳无闻，目无见也。井上有李。螬食实者过半矣。匍匐往，将食之，三咽，然后耳有闻，目有见。”孟子曰：“于齐国之士，吾必以仲子为巨擘焉。虽然，仲子恶能廉？充仲子之操，则蚓而后可者也。夫蚓，上食槁壤，下饮黄泉。仲子所居之室，伯夷之所筑与？抑亦盗跖之所筑与？所食之粟，伯夷之所树与？抑亦盗跖之所树？是未可知也。”曰：“是何伤哉？彼身织

履，妻辟𬸚，以易之也。”曰：“仲子，齐之世家也；兄戴，盖禄万钟，以兄之禄为不信之禄而不食也，以兄之室为不义之室而不居也，辟兄离母，处于陵。他日归，则有馈其兄生鹅者，己频戚曰：‘恶用是鶃鶃者为哉？’他日其母杀是鹅也，与之食之，其兄自外至，曰：‘是鶃鶃之肉也。’出而哇之。以母则不食，以妻则食之；以兄之室则弗居，以于陵则居之；是尚为能充其类也乎？若仲子者，蚓而后充其操者也。”

四十

原典

竹篱下，忽闻犬吠鸡鸣，恍似云中世界；芸窗中，雅听蝉吟鸦噪，方知静里乾坤。

译文

当你正在竹篱笆外面欣赏林泉之胜，忽然传来一声鸡鸣狗叫，就宛如置身于一个虚无缥缈的快乐神话世界之中；当你正静坐在书房里面读书，忽然听到蝉鸣鸦啼，你就会体会到宁静中别有一番超凡脱俗的趣味。

阅典笔记

这段话表明了文人雅士一种超凡脱俗的生活境界，从另一个角度来理解，却是一番参禅悟道的功夫。几声“犬吠鸡鸣”惊醒了静坐在书斋中的主人，这就是从“无我”境界进入“有我”境界的契机；然而“蝉吟鸦噪”影响不了静坐中的道人，这是从“有我”境界回到无我境界的玄机。因为不论就佛道哪一教的思想而言，凡是正在参禅静坐中的人，他那种在宁静中所培养出的灵智，足可以和蝉鸦交谈作心灵感应。在有我—无我—有我的反复过程中，静生悟道的人通过心灵的感应来体现本我。

高远篇

一

原典

机动的，弓影疑为蛇蝎，寝石视为伏虎，此中浑是杀气；念息的，石虎可作海鸥，蛙声可当鼓吹，触处俱见真机。

译文

一个好用心机的人容易产生猜忌，会把杯中的弓影误会成蛇蝎，甚至远远看见石头都会看成是伏虎，结果内心充满了杀气；一个心平气和的人即使遇见凶残的石虎一类的人也能把他感化得像海鸥一般温顺，把聒噪的蛙声当做悦耳的乐曲，结果到处都是一片祥和之气，从中可以看到人生真谛。

阅典笔记

胸怀坦荡的人不会去管身边的是是非非，志向远大的人无暇思索肖小之事。唯小人与小人在一起便常生是非，相互猜忌，推波助澜，弄得人际关系紧张起来。天下本无事，庸人自扰之。一个人假如凡事都疑神疑鬼，就会造成俗话所说的“疑心生暗鬼”，本来毫无疑问的事也会弄出风波来。反之假如你居心坦荡，对周围事物不存疑心，就能显露人类本性中的真迹。从这个意义来说，天地万物是善是恶，存乎我们的一念之间。一个人总是杯弓蛇影、杞人忧天地生活，哪还有人生的乐趣可言？故“一念”可以豁达开朗，也可能狭隘善妒，从中足见一个人修养的高低。

二

原典

发落齿疏，任幻形之凋谢；鸟吟花开，识自性之真如。

译文

老年人头发掉落、牙齿稀疏是生理上的自然现象，大可任其自然退化而不必悲伤。从小鸟唱歌、鲜花盛开中，我们认识了人类本性永恒不变的真理。

阅典笔记

生老病死是人生的自然规律，小鸟要歌唱，花儿要开放，人也要从新生走向衰老而至死亡。但是，一个人的真正衰老，并非单纯生理上的衰老，心理上的衰老最为严重，所以庄子才说“哀莫大于心死”。一个人到四五十岁只能算中年人，而中年才开始自己事业的人比比皆是。中年可说是人生的顶峰时代，已经有事业基础的正是发挥潜力的阶段，没有事业基础的也可创造。保持旺盛的生命力的关键是保持精神上的不断追求。即使是到了老年，只要精神不死又何妨追求？像书画家、作家、医生，越老经验越多，老而弥健。一个人活到老学到老，童心不泯，青春常在，而不知老之将至，忘却生理的衰弱，就会心宽体胖，永远年轻。

三

原典

世人只缘认得“我”字太真，故多种种嗜好，种种烦恼。前人云：“不复知有我，安知物为贵？”又云：“知身不是我，烦恼更何侵？”真破的之言也。

译文

只因世人把自我看得太重，所以才会产生种种嗜好种种烦恼。古人说：“假如已经不再知道有我的存在，又如何能知道物的可贵呢？”又说：“能明白连身体也在幻化中，一切都不是我所能掌握所能拥有的，那世间还有什么烦恼能侵害我呢？”这真是至理名言。

阅典笔记

古人的处世哲学，强调无我、无为的多，突出自我、自私的少。所谓耻于言利而突出义，就在于应当灭私欲而存大义。现代文明的发展，有人说人不自私天诛地灭，说明了自私乃人类天性之一。战国时杨朱提倡为我“拔一毛而利天下不为！”杨朱所以倡导极端自私主义，是因为战国时代的一些野心政客，经常以“国家人民”为借口，发动战争来满足更大的私欲，因此他才认为：“假如人人都为我而不为他，那岂不是天下太平了吗？”可见杨朱的自私和此处所说的自私，两者的含义是不同的。不管怎么说，极端的自私自利不足取，不能取。为人处世，太过自私难有朋友，难寻合作者，也因为个人私欲太强，便会带来物欲的不满，带来无穷的烦恼。现代社会强调自我，是人格气质的自我，而非物欲情欲的自我。

四

原典

自老视少，可以消奔驰角逐之心；自瘁视荣，可以绝纷华靡丽之念。

译文

从老年回过头来看少年时代的往事，就可以消除很多争强斗胜的心理；能从没落后再回头去看荣华富贵，就可以消除奢侈豪华的念头。

阅典笔记

世事经历多了后，往往更能悟出其中的道理，大有曾经沧海难为水之叹。不管是道家对世人消除欲望的奉劝，还是儒家提倡贫贱不移的修养功夫，或者佛家清心寡欲的出世思想，都在告诉世人，不要在富贵与奢侈、高官与权势中去争强斗胜，浪费心机。人尤其在得意时，要多想想失意时的心情，以失意时的念头控制自己的欲望。

五

原典

人情世态，倏忽万端，不宜认得大真。尧夫云："昔日所云我，而今却是伊。不知今日我，又属后来谁。"人常作如是观，便可解却胸中罥矣。

译文

人情冷暖、世态炎凉，万物错综、复杂瞬息万变，所以对任何事都不要太认真。

宋儒邵雍说："以前所说的我，如今却变成了他。不知道今天的我，到头来又变成什么人。"一个人假如能经常抱这种看法就可解除心中的一切烦恼。

阅典笔记

沧桑变幻，世事无常，人情冷暖依旧。从古至今，嫌贫爱富的故事太多，趋炎附势的例子无数。"世态有冷暖，人面逐高低。"宇宙是永恒的，但是世间万物却是变化的。所以唐代诗人崔护写道："去年今日此门中，人面桃花相映红。人面不知何处去，桃花依旧笑春风。"在世事的变化无常面前，人更应保持纯真无瑕的心性，抛弃追名逐利的杂念，以真待人，以情暖人，使人间充满欢乐与美好。

六

原典

古德云："竹影扫阶尘不动，月轮穿沼水无痕。"吾儒云："水流任急境常静，花落虽频意自闲。"人常持此意，以应事接物，身心何等自在。

译文

古人说："竹影虽然在台阶上掠过，可是地上的尘土并不因此而飞动；月亮的圆轮穿过池水映在水中，却没在水面上留下痕迹。”今人说：“不论水流如何急湍，只要我能保持宁静的心情。就不会被水流声所惑；花瓣纷纷谢落，只要我的心经常保持悠闲，就不会受到落花的干扰。”一个人假如能抱这种处世态度来待人接物，不论是身体还是精神该有多么自由自在啊！

阅典笔记

水中月、梦中花不足为依，虚幻的东西不应为之而动。在古人看来，情欲物欲到头来同样是一场空，故心境宜静，意念宜悠。心地常空，不为欲动，让身外之物自然而去，才能保持身心自然愉悦。

七

原典

心地上无风涛，随在皆青山绿树；性天中有化育，触处见鱼跃鸢飞。

译文

心湖没有波涛巨澜，到处所见都是一片青山绿水；本性保存爱心善意，随时都像鱼游水中、鸟飞空中那样自由自在。

阅典笔记

传统的修身养性之道，有一条重要的原则是心静，静如止水才能排除私心杂念，无识无欲，心平气和。庄子看到鱼在水中游，很羡慕地说“乐哉鱼也”。鸟跟鱼能逍遥自在，是因为它们除了生理上的欲望要求之外，没有像人类那么多的情欲物欲。人生在世不只是为了活着，仅仅为了生存而来到人世就太可悲了。也正因为有知有识，有理想有追求，才会经常陷于苦恼。有人认为，要想控制欲望，消灭苦恼，唯一的办法就是要能知足，能知足就可使精神愉快。知足是相对的，无止境的贪图是可怜的，但无条件的知足就变成虚妄。好比心静，静至只看到自己的内心，而看不到外部世界，自我封闭，孤陋寡闻，就谈不上真正的快乐了。

八

原典

鱼得水游，而相忘乎水；鸟乘风飞，而不知有风。识此可以超物累，可以乐天机。

译文

鱼有水才能优哉游哉，但是它们忘记自己置身于水；鸟借风力才能自由自在翱翔，但是它们却不知道自己置身风中。人如果能看清此中道理，就可以超然置身于物欲的诱惑之外，获得人生的乐趣。

阅典笔记

处世而忘世，可以超物而乐天。世上很多事知道了反而忧郁烦愁，忘乎所以反而其乐融融。人因物质条件的保证而生存，人们以追求物欲的最大满足为幸福。人人都这么追求，烦恼便由此而生。人如果忘却这种物欲上的不满，放弃贪得无厌的追逐，而寻求精神自修之道，达到心理上的平衡与安然，就可以超然于物欲外，自会减少许多惊险而增添一些开心的东西。人的生活只有超脱些才不致欲不可耐，才不致被物欲淹没。

九

原典

才就筏便思舍筏，方是无事道人。若骑驴又复觅驴，终为不了禅师。

译文

刚跳上竹筏，就能想到过河后竹筏没用了，这才是懂得事理、不为外物所牵累的道人。假如骑着驴又在另外找驴，那就变成既不能悟道也不能解脱的和尚了。

阅典笔记

《传红录》说："如不了解心即是佛，那真是骑驴而觅驴。"《涅槃经》也说："一切众生皆有佛性。"可见佛无须外觅，就在自己心中。人之内心有佛却不自知而向心外去求，这就等于已骑在驴身上还要另外去找驴。以此喻世事、人生也是有道理的，即人应善于发现自己的长处，发挥自己的潜能。做事的方法只是工具，最终的结果才是目的。

十

原典

羁锁于物欲，觉吾生之可哀；夷犹于性真，觉吾生之可乐。知其可哀，则尘情立破；知其可乐，则圣境自臻。

译文

终日被物欲困扰的人，总觉得自己的生命很悲哀；留恋于本性纯真的人，会发觉生命的真正可爱。明白受物欲困扰的悲哀之后，世俗的纷扰可以立刻消除；明白留恋于真挚本性的欢乐，圣贤的崇高境界会自然到来。

阅典笔记

老子说："人之大患在吾有身，及吾无身则吾有何患。"有吾身则烦恼接踵而来，就难以抗衡一切外物的困扰了。佛的意义在于消除所有的烦恼，因此佛家才苦口婆心劝世人要在彻悟自己真性上多下功夫。所谓真性就是天理，人能去人欲存天理就能明心见性。人在自身修养中发现本性的过程是很艰难的，但达到彼岸便会感到一种修持的快乐。如果每个人都能不断反省自己，修养身心，人间就太平多而纷争少了。

十一

原典

真空不空，执相非真，破相亦非真，问世尊如何发付？在世出世，徇欲是苦，绝欲亦是若，听吾侪善自修持！

译文

不受任何事物的迷惑保留一片纯真，心中却无法排除所有物象；执拗于某种形象虽然不能得到其理，但不可破除所有形象仍然不能得到真理。请问佛如何解释？置身于世又想超脱世俗，拼命追求物欲是痛苦，断绝一切欲望也是痛苦，如何应付痛苦只凭自己的修行了。

阅典笔记

这里包含了一个很明显的辩证道理，“色即是空，空即是色”，什么事都不是绝对如此而不存在变化的。放纵人欲固然是一种大苦恼，不过灭绝人欲也未必不是苦恼。置身火焰之中就会被烧死，但是如果完全跟火焰隔绝就会被冻死。所以对火最好是不即不离，善加运用。同理，假如从人欲陷入着相，那弃绝人欲就会堕入杖相，两方都不免于苦恼；所以最好是不陷不弃不着不破，努力修持，由浅入深。这里不去考究深奥的佛理，仅从做人待世的角度来看，出世和入世之间存在着必然联系，不应绝对化，行事不宜走极端。

十二

原典

烈士让千乘，贪夫争一文，人品星渊也，而好名不殊好利；天子营家国，乞人号饔飧，分位霄壤也，而焦思何异焦声。

译文

一个重视道义的人能把千乘大国拱手让人，一个贪得无厌的人连一文钱也要争抢，就人的品德来说真是有天渊之别，而沽名钓誉和贪得无厌的人在本质上并没什么不同。当皇帝治理的是国家，当乞丐为的是讨一日三餐，就地位而言确实有天渊之别，但是皇帝思虑国事的忧愁和乞丐乞求食物的苦恼，其痛苦情形又有什么不同呢？

阅典笔记

每个人处的位置不同，面临的矛盾不一样。一个为一日三餐而忙碌的人，无暇顾及也无法想象一个富商每顿饭吃什么，而一个富人认为是很简陋的东西对贫穷者来讲可能还是好东西。贫富有差距，但忙碌却是一样的。富商邑贾痛苦，所愁的是资金怎样周转，所担心的是公司的盛衰；穷人痛苦，所愁的是一日三餐的有无。两者痛苦的性质与程度在这个意义上讲完全相同。同理，好名之人跟好利之人，表面观之似乎好名之人品质较高，其实两者本质完全相同。孟子说："好名之人，能让千乘之国；苟非其人，箪食豆羹见于色。"人各有痛苦，追求有追求的失落，富贵有富贵的难处，安贫有安贫的烦恼。去掉私心杂念，保持平衡宁静，确非易事。

十三

原典

性天澄澈，即饥食渴饮，无非康济身心；心地沉迷，纵谈禅演偈，总是播弄精魂。

译文

本性纯真的人，饿了吃渴了喝，无非是为了增进身心健康：一个心地沉迷物欲的人，即使整天讨论佛经，谈论禅理，不过是在玩弄自己的精神和灵魂而已。

阅典笔记

做什么事如果只求形式不讲实质不看结果，就难见成效。一个真正信佛的人不一定要落发为僧，出家修行的人也不一定是好和尚，所以凡事不要拘泥于形式而应讲求实质。历史上达官贵人以至皇帝，谈禅信佛乃至出家的人不少，可其中很多人只在教义上理解研究佛理，只在形式上每天上香磕头，真的让他放弃应有地位去云游四方，让他行善而普济众生他是做不到的，他心中的各种欲念是难以消除的。以此论推而广之，一个人做什么事关键在务实，在于结果如何，而不是看他说的想的怎么样。

十四

原典

白氏云："不如放身心，冥然任天造。"晁氏云："不如收身心，凝然归寂定。"放者流为猖狂，收者入于枯寂。唯善操心者，把柄在手，收放自如。

译文

白居易的诗说："凡事不如放心大胆去做，至于成败一切听凭天意。"晁补之的诗说："凡事不如小心谨慎去做，以期能达到坚定不移的境界。"主张放任身心使人流于狂放自大，主张约束身心使人入于枯寂。只有善于操纵身心的人，才能掌握事物的规律，达到收放自如的境界。

阅典笔记

诗人的语言总是带有夸张性的。人的命运不可能完全听从天意，也不可能完全让自己把持得进入死寐。故白居易所说的"身心任天造"，类似宿命论的主张；而晁补之所说"身心会天造"，则带有深厚的儒家口吻。操持身心同样需要适度，不宜忘却操持的目的是什么，不应放任而无所谓于一切；不应小心而与世隔绝。操持定于适度，而达到能收放自如的自然状态，才能体会到其中的乐趣。

十五

原典

当雪夜月天，心境便尔澄澈；遇春风和气，意界亦自冲融。造化、人心，混合无间。

译文

在雪花飘落的月夜，天地间一片银色，人的心情也会随之清朗明澈；在和风吹万物一片生机的春季，人的情绪自然也会得到适当调剂，可见大自然和人的心灵是浑然一体的。

阅典笔记

人们修身养性，不可能脱离周围的环境。就常人而言，如果面对月黑杀人夜，如果面对生死离别场，能总要求自己像老僧入定般用意念来控制自己吗？所以自古骚人墨客歌颂春而厌恶秋，因为春天一片生机而秋天一片肃杀。人们欢迎万物的生长，原因在于人们在萧瑟凄凉中难以感受人间的温暖。同样，人们歌颂白雪而厌恶炎夏。雪是冷天的产物，其性寒而色白，喻人的纯洁的性格像雪一样白，像冷天一样坚硬而安宁，因此古人才有“梅须逊雪三分白”的诗句。梅于文人是宠物，但于雪之纯洁又输三分。这实际上是表达出人的一种愿望，用大自然的变化来喻人的性格、人的操持，在这一点上人与自然是相融合的。

十六

原典

理寂则事寂，遣事执理者，似去影留形；心空则境空，去境存心者，如聚膻却蚋。

译文

真理静止，事物也随着静止。排除事物而执著于道理的人，就像排除影子而留下形体那样不通。内心空虚，环境也跟着空虚。排除环境的干扰而想保留内心宁静的人，就像聚集一大堆膻味东西却想排除蚊蝇一样愚蠢。

阅典笔记

静不能绝对化，空也是相对空。对于追求真理、执物不舍的人来讲，执著事物的多半是俗人，而执理不舍的多半是学者。这里涉及一个哲学命题，即“存在决定意识”或是相反。按辩证唯物主义的观点来看，存在决定意识，意识反作用于存在。即没有“静”，何谈“空”？对于求理、执事的人来讲，达到心境绝对的空是不可能的。

十七

原典

心无其心，何有于观？释氏曰“观心”者，重增其障。物本一物，何待于齐？庄生曰“齐物”者，自剖其同。

译文

心中假如没有忧虑和杂念，又何必要下内省观察功夫呢？佛教所说的“反观内省”，实际上又增加了修行的障碍。天地万物本来一体，又何必等待人来划一平等呢？庄子所说的“消除物我界限”，等于分割了本来属于一体的物性。

阅典笔记

“拿着笤帚不扫地，深怕扫起心上尘”，这句富于禅机的偈语，是说人心本来清净，可用扫帚一扫，虽说目的是在扫除尘埃，反倒会把心中的尘土给扫起来。佛家的“观人”，庄子的“齐物”，原来都是为了说明心空物一之理。六祖惠能禅题就曾说:“菩提本无树，明镜亦非台。本来无一物，何处惹尘埃？”一尘不染，也就是像佛僧应有的四大皆空。以佛理来喻人事是同样的道理。假如一个人本性善良，就不应邯郸学步，而应从其他方面来锻炼自己，保持品性，加强修养。就像一个才涉世的人，有许多纯真的品德，关键是保持下去，而不是为学习、修养自己却丢掉本质上好的东西而拣来世俗的恶习。

十八

原 典

笙歌正浓处，便自拂衣长往，羡达人撒手悬崖；更漏已残时，犹然夜行不休，笑俗士沉身苦海。

译 文

当歌舞盛宴到最高潮时，就自行整理衣衫毫不留恋地离开，那些胸怀广阔的人就能在这种紧要处猛回头，真是令人羡慕；夜深人静仍然忙着应酬的人，已经陷入无边痛苦中而不自觉，说来真是可笑。

阅典笔记

做事勿待兴尽，用力勿至极限，适可而止、恰到好处最为理想。生活上也该如此。“花看半开，酒饮微醉”，才能享受到其中的真正乐趣。反之，假如酒喝到烂醉如泥，不但不是享乐反而是受罪。生活中不可整天酒山肉海，整天忙于交际应酬使自己隐于庸俗，而要学会控制自己的欲望以免乐极生悲。

十九

原典

把握未定，宜绝迹尘嚣，使此心不见可欲而不乱，以澄吾静体；操持既坚，又当混迹风尘，使此心见可欲而亦不乱，以养吾圆机。

译文

对意志还没有把握控制之时，就应远离物欲环境的诱惑，让自己看不见物欲就不会心神迷乱，才能领悟到清明纯净的本色；等到意志坚定可以自我控制时，就要让自己多跟各种环境接触，即使看到物质的诱惑也不会心神迷乱，借以培养自己成熟质朴的灵性。

阅典笔记

修养自己品德，要有一个良好的外部环境。教育与环境之间，自己的品德修养与环境之间关系非常重要。尤其是思想没有定型、品性还不成熟的青少年，最容易误入歧途而堕落，所以这时肩负教导责任的师长，必须对他们严加管教，尤其是为他们创造一个利于品性自我修养的好环境，制造一个首先自律的氛围。对一个品性已定、思想成熟的人来讲，却必须学会适应各种环境，以磨炼自己。所谓江山易改，禀性难移。一个品德高尚、意志坚定的人，做人有自己的准则，就难以迷失方向。

二十

原典

喜寂厌喧者，往往避人以求静，不知意在无人，便成我相。心着于静，便是动根，如何到得人我一视、动静两忘的境界？

译文

喜欢清静、讨厌喧嚣的人，往往逃避人群来求取安宁，却不知道有意远离人群便是执著于自我，而一心求静的结果一旦遇到喧嚣就会成为烦躁的根源。人我本是一体的，只知一味强调宁静，又如何能达到真正的安宁境界呢？

阅典笔记

修身养性是为了提高自己的道德修养，锻炼自己的坚强意志，以能控制自己的物欲情欲，排除自己的私心杂念。求得内心的宁静在于心静，环境在其次。否则把自己放进真空罩子里不就真静无菌了吗？一些清修的人喜欢远离尘嚣隐居山林，以求得宁静。其实，这样环境虽然宁静，假如不能忘却尘世事物，内心仍然是一层烦杂。何况既然使自己和人群隔离，就表示你内心还存有人己、物我、动静的观念，自然也就无法获得真正的宁静。所以必须完全扬弃我相和动静不一的主观思想，才能真正达到身心都安宁的境界。

二十一

原典

山居胸次清洒，触物皆有佳思：见孤云野鹤而起超绝之想，遇石涧流泉而动澡雪之思；抚老桧寒梅而劲节挺立，侣沙鸥麋鹿而机心顿忘。若一走入尘寰，无论物不相关，即此身亦属赘旒矣！

译文

隐居在山间胸怀自然开朗洒脱，所接触的事物自然都能引起佳思：看见孤云野鹤，就会引起超尘脱俗的观念；遇到山谷溪间的流泉，就会引起洗洁一切世俗杂念的思想；抚摸耸立在风霜中的老株寒梅，心中不由会涌起效法它们威武不屈的刚毅气节；终年与温和的沙鸥和麋鹿在一起，勾心斗角的邪念就会全消。假如再度走回烦嚣的尘世，不仅任何事物都与我无关，就连身体也觉得是多余的。

阅典笔记

环境造人。在现代社会，回归自然的呼声很是强烈，因为在嘈杂喧嚣的都市生活久了，回到山清水秀的山野自会心旷神怡，气朗身轻。在人际间争斗久了，即使反感也会染上些习气；在大自然中陶冶惯了，和自然万物天天在一起，自有一派仙风道骨的样子，而再回到尘嚣之中便会处处不适应。有一个好环境会对修省身心帮助不少。

二十二

原典

人生福境祸区，皆念想造成，故释氏云："利欲炽然即是火坑，贪爱沉溺便为苦海。一念清净，烈焰成池；一念警觉，航登彼岸。"念头稍异境界顿殊，可不慎哉！

译文

人生的幸福与苦恼是由自己的观念所造成的，所以释迦牟尼佛说："名利的欲望太强烈就等于是火坑，贪婪之心太强烈就等于沉入苦海。只要有一丝纯洁观念，就会使火坑变成水池；只要有一点警觉精神，就能使火海变成乐园。"意识观念略有不同，人生境界就会全面改变，所以一个人的所思所想必须慎重。

阅典笔记

佛家说"相由心生，相随心灭"就是这个道理。人一旦起了利欲之念，心马上就会变得贪婪，这时你的人生幸福也就堕入痛苦地狱中。心能清净，即使已经出现炽烈的欲火，也能把它化为清凉水池。以现代人的观点来看，人幸福与否的决定条件有物质基础，有生活环境，有人生际遇，等等，但人的幸福和精神愉悦、理想追求的联系更紧密。在人的思想品德上多些理想少些贪欲，多些大家少些私心，格调自然会高，遇事自律性强，苦中犹含有乐。

二十三

原典

机息时便有月到风来，不必苦海人世；心远处自无车尘马迹，何须痼疾丘山。

译文

心中停止一切阴谋诡计之后，就会有明月清风到来，因为从此不再为人间的烦恼而痛苦；思想远远超脱世俗之后，自然不会听到外面的车马喧嚣之声，也就不一定眷恋山野林泉的隐居生活。

阅典笔记

常言道：“有心为善虽善不赏，无心为恶虽恶不罚。”可见心机的有无跟因果有很大关系。我们处世中不必枉费心机，凡事只要本心无邪，只要尽心尽力求其自然发展即可。人的行为也应真率求实。只要心地纯净，又何必求诸一种隐居山林的形式？只要自身道德高尚，又何苦求虚名以自扰呢？

二十四

原典

心旷则万钟如瓦缶，心隘则一发似车轮。

译文

心胸阔达的人，即使是一万钟优厚俸禄也会看成像瓦罐那样没价值；心胸狭隘的人，即使是如发丝细小的利益也会看成像车轮那么大。

阅典笔记

一个心胸开阔的人能视黄金如粪土，会把万贯家财作为仗义行事的资本；一个心胸狭窄的人，会把鸡毛蒜皮的小事看作天那么大，在财产上也如守财奴那般可怜巴巴。心胸开阔的人必须具有豁达的人生观，以义作为取舍，仗义而疏财，但决不挥霍浪费。一个人的心胸是需要后天培养的，心胸豁达往往是事业成功的基础。

二十五

原典

无风月花柳不成造化，无情欲嗜好不成心体。只以我转物，不以物役我，则嗜欲莫非天机，尘情即是理境矣。

译文

大地如果没有清风明月和花草树木永不成大自然，人类如果没有感情欲望和生活嗜好就不成真正的人。所以我们要以我为中心来操纵万物，绝对不可以物为中心来奴役自己，如此，一切嗜好欲望都会成为自然的天赐，而一般世俗情欲也就成为顺理成章的理想境界。

阅典笔记

空洞地谈控制欲望，不如现实地承认人对现实世界的反映。只要合情合理，就应当满足人的各种欲望；否则，人何以图生存？没有生存就没有修省，而“以我转物”就是要求人应当不断修养自己，不应成为物欲的奴隶，应以自己的意志来控制对物欲的贪念，通过道德自律来使外物服务于我。

二十六

原典

就一身了一身者，方能以万物付万物；还天下于天下者，方能出世间于世间。

译文

能跳出自我来了解自我的人，才可根据自然法则使万物按照本性去发展而各尽其用；能把天下还给天下的人，躯体虽然生存于世间思想却超越凡人。

阅典笔记

佛家认为世事变幻无常，是一个由烦恼与劳苦交织的火窟，假如不及时跳出就得不到安乐，所以才主张遁世任行。把这个道理引之于常人生活，即一个人不能总是在现实的尘世中忙忙碌碌，应该跳出自我的圈子去考虑问题，逃脱功名利禄的缠绕，以使精神自由自在。

二十七

原典

人心多从动处失真。若一念不生，澄然静坐，云兴而悠然共逝，雨滴而冷然俱清，鸟啼而欣然有会，花落而潇然自得，何地无真境，何物无真机?

译文

人的心灵大半是从浮动处才失去纯真本性的。假如任何杂念都不产生，只是自己苟坐静思，那一切念头都会随着天际白云消失，随着雨点的滴落心灵也会有被洗清的感觉，听到鸟语呢喃就像有一种喜悦的意念，看到花朵的飘落就会有一种开朗的心情。任何地方都有真正的妙境，任何事物都有真正的玄机。

阅典笔记

赏心悦目、怡情养性的事物到处都是，关键就在于人能不能去发掘和领略。人心的真体，不论凡夫和圣人都是相同的。凡夫只因一念之差而丧失真体。当一念不生之时，善恶邪正的尘埃都起不来，宛如池水一般澄清宁静。只要使心能保持如此澄清宁静，周围生活中的一切都足以引出无限佳趣。生活就这么怪，以凡人而言，强求的东西往往带来烦恼却还得不到。听其自然，心里不想、耳中不听的东西有时送上门，也不会喜得乐不可支，没有也依然平静如水，这样的生活总是令人愉快的。

二十八

原典

耳根似飙谷投响，过而不留，则是非俱谢；心境如月池浸色，空而不著，则物我两忘。

译文

耳根假如像大风吹过山谷一般，经一阵呼啸之后什么也不留，这样所有流言蜚语就都不起作用；心灵假如能像水中的月亮一般，月亮既不在水中，水中也不留月亮，那么心中自然也就一片空明而无物我之分。

阅典笔记

佛教所说的六根清净，不单是指耳不听恶声，也包括心不想恶事在内，眼、耳、鼻、舌、身、意六者都要不留任何印象才行。而物我两忘是使物我相对关系不复存在，这时绝对境界就自然可以出现。可见想要提高人生境界必须除去感官的诱惑，六根清净，四大皆空。按现代人的看法，绝对的境界即人的感官不可能一点不受外物的感染，否则何以判断是否反映外物了呢？但要提高自身的修养，加强意志锻炼，控制住自己的种种欲望，排除私心杂念，建立高尚的精神境界却是完全可能的。

二十九

原典

世人为荣利缠缚，动曰：尘世苦海。不知云白山青、川行石立、花迎鸟笑、谷答樵讴。世亦不尘，海亦不苦，彼自尘苦其心尔。

译文

由于一般俗人都被虚荣心和利禄心所困扰，因此一开口就说人间是一个大苦海。然而他们却不知道世界的另一面是白云笼罩下的青山翠谷、奔流河水中的奇岩怪石、迎风招展的绮丽花卉、呢喃歌唱的可爱小鸟，以及樵夫歌唱时的山鸣谷应之声。人间既非尘嚣万丈，世界也非苦海一片，只是人们使自己的心落入尘嚣、堕入苦海而已。

阅典笔记

人的心情不同，但山川依旧，景色依然。假如人自己不为物欲情欲所困扰，自己能看开名利，又怎能不见山川，不见美景呢？同理，世间本来就没什么苦乐可言，一切苦乐皆由人心不足所产生。好名之人必为虚名所苦，重利之人必为贪利所困。好名重利是人性的一部分，也是人性中最脆弱的一环，世人不要太积极于名利，以免作茧自缚。所谓的苦海固然有物累，但人心不足、贪图不止是堕入苦海的主要原因。生活的苦，条件之艰可以通过多方的努力来解决，但内心的苦，行动之艰却需要自己努力跳出物欲、少求名利才可以解脱。

三十

原典

山肴不受世间灌溉，野禽不受世间豢养，其味皆香而且冽。吾人能不为世法所点染，其臭味不迥然别乎？

译文

生长在山间的蔬菜根本不必人们去灌溉施肥，生长在野外的动物根本不必人们饲养照顾，可是这些野菜和野兽吃起来味道却特别鲜美可口。同理，假如我们人不受功名利禄所污染，品德心性自然显得分外纯真，跟那些充满铜臭味的人有明显区别。

阅典笔记

野味在大自然中生长，一切顺乎自然，其味美而珍。此理来喻人，从某种意义上来讲是对的，即不受世俗污染便少有世俗的许多欲念而纯朴真厚。但是，并不是因此说凡于野山林生长，与世隔绝就好；也不能因为少有而肯定，不能因为要不受世俗污染便否认后天教育的职能。这里作者仅作个比喻，强调人贵自然，本性纯朴，心地纯真，和世俗人相比他们敦厚可亲。

三十一

原典

人生减省一分便超脱一分，如交游减便免纷扰，言语减便寡愆尤，思虑减则精神不耗，聪明减则混沌可完。彼不求日减而求日增者，真桎梏此生哉！

译文

人生在世能减少一些麻烦，就多一些超脱世俗的乐趣。交际应酬减少，就能免除很多不必要的纠纷困扰；闲言乱语减少，就能避免很多错误和懊悔；思考忧虑减少，就能避免精神的消耗；聪明才智减少，就可保持纯真本性。假如不设法慢慢减少以上这些不必要的麻烦，反而千方百计去增加这方面的活动，就等于是用枷锁把自己的手脚锁住一样。

阅典笔记

《庄子》一书有一则关于“混沌”的寓言故事，大意是说有一个名叫混沌的人，本来既无眼睛也无耳朵，后来神给他穿通了耳目，按道理说他应该喜欢这个五光十色的花花世界，谁知他有了耳目之后却很快就死了。当然人生在世不可能不思，但一定要减繁增静才对。为人处世固然需要小心谨慎，凡事三思；不过切忌思至极点，否则便会杞人忧天。另一方面可以从修身来理解，即世人有耳目有见闻之后就会产生很多欲念，有了欲念之后就会丧失纯真的本性。聪明固然是造物者的一大恩赐，但是假如聪明过度，反而会危害到本身的生存，聪明反被聪明误。

三十二

原典

茶不求精而壶亦不燥，酒不求冽而樽亦不空；素琴无弦而常调，短笛无腔而自适。纵难超越羲皇，亦可匹俦嵇阮。

译文

喝茶不一定要喝名茶，必须维持壶底不干；喝酒不一定要喝名酒，但是必须维持酒壶不空。无弦之琴虽然弹不出旋律来，然而足可调剂我的身心；无孔的横笛虽然吹不出音调来，却可使人精神舒畅。一个人假如能达到这种境界，虽然还不能算超越伏羲氏，但是起码也可媲美嵇康、阮籍。

阅典笔记

古代有很多沉浸于山林田园的诗人。比如陶渊明靠北窗高卧，在和风吹拂之下抚无弦琴消遣，自称“羲皇上人”，意思是说他生活在比伏羲还要古老的时代。嵇康和阮籍都是竹林七贤中人，这些人处林泉之下，或敦乐自得，或漫议朝政，不与俗人往来。身处大自然的清静中，便可以体验大自然的真趣，故对茶琴酒等雅物，不管外形怎样，只求其中趣味。

三十三

原典

耳中常闻逆耳之言，心中常有拂心之事，才是进德修行的砥石。若言言悦耳，事事快心，便把此生埋在鸩毒中矣。

译文

耳中假如能经常听些不爱听的话，心里经常想些不如意的事，这些都像是敦品励德有益身心的磨刀石一样。反之，假如每句话都很好听，每件事都很称心，那就等于把自己的一生葬送在毒药中了。

阅典笔记

《孔子家语》中有“良药苦口而利于病，忠言逆耳而利于行”，这句话人们常说，道理也是显而易见的。忠言往往就是逆耳的语言，最有价值。假如一个人听忠实良言感到厌倦逆耳，不仅完全辜负了人家劝诫的美意，关键是难以反省自己言行的缺点，进而敦品励行改邪归正，也就难以督促自己保持良好品德。听见逆耳的忠言绝对不可气恼。而人家一夸奖就得意洋洋，那你的生活就显得轻浮，在无形中会削弱自己发愤上进的精神，最容易沉湎在自我陶醉的深渊中。如此就等于自浸于酒中而毁掉自己的前程，即使活着也等于丧失了生存的意义。人生不如意事十之八九，这就是说人生在世要经常接受各种横逆和痛苦的考验，必须经过几番艰苦的奋斗才能走上康庄大道。一生都想称心如意根本是不可能的事。可惜的是一些肤浅之辈，一听逆耳忠言就拂袖而去，一遇不顺利就怨天尤人。孟子说“天将降大任于斯人”，必然会有各种困难来磨砺这个人的品格。忠言逆耳、良药苦口这么个道理说明一个人要有所作为，必须先要敢于磨炼自己的品格，善于听取不同意见，勇于克服种种困难才行。

三十四

原典

粪虫至秽，变为蝉而饮露于秋风；腐草无光，化为萤而耀彩于夏月。因知洁常自污出，明每从晦生也。

译文

粪土里所生的虫是最脏的虫，可是一旦蜕化成蝉，却只喝秋天洁净的露水；腐败的野草本来毫无光华，可是一旦孕育成萤火虫，却能在夏天的夜空中闪闪发光。由此可知，洁净的东西常常是从污秽中得到，光明常常在黑暗中产生。

阅典笔记

对一个有所作为的人来讲，应具备这样一种认识：出身微贱不是有作为的决定条件，不能因此自怨自艾而自卑，而要想方设法去改变命运的安排。生活在恶劣的环境里，如果是自然环境，需要自己敢于克服困难，战胜环境的艰险；如果是生活环境，不能因此同流合污而堕落。有的时候，先天的环境可能难以改变，但自我形象却可以通过后天的努力而变化。古语说，“将相本无种，男儿当自强”。可见一个人不必为了环境不好而苦恼，关键是要自强、自尊、自爱、自律才有可能实现自我。不但如此，有时往往物极必反，生活环境越好越使人容易腐化堕落。人性也跟物性相同，越是温暖或暑热的地方，东西越容易腐臭，寒冷的地方却能使东西保持长久新鲜。

三十五

原典

饱后思味，则浓淡之境都消；色后思淫，则男女之见尽绝。故人常以事后之悔悟，破临事之痴迷，则性定而动无不正。

译文

酒足饭饱之后再回想美酒佳肴，所有的甘美味道都已经全部消夫。房事满足之后再来回味性欲的情趣，鱼水之欢的念头已经全部消失。所以假如人们常用事后的悔悟，来作为另一件事情开端的判断参考，就可以消除一切错误而恢复聪明的本性，做事就算有了原则，一切行为自然都会合乎义理。

阅典笔记

人们把事后才明白或后悔的人称为事后诸葛，所以做事要事先慎重考虑、不盲动。但是对于没经过的事，对于可逞一时之欢的事，人们往往不去考虑后果，不去想不利的因素。故有“事悟痴除，性定而动”的经验之谈了。其实世间任何事都不可过贪，因为过分贪图享乐往往会得到反效果。但要达到遇事不慌、临风不动，行而不贪、做而不过的水平，不是一朝一夕可成的，需要经过一个磨炼过程，才会建立和掌握一套方法。这就有必要先正心去痴，先打破愚痴和迷惘的执著。唯有这样才能稳定住本性。性定先要心定，行正先要心正。这样，对事物就不会只看到好的一面而忽略坏的一面，使我们随时保持清醒的头脑，用正确的方法做事情。

三十六

原典

事穷势蹙之人，当原其初心；功成行满之士，要观其末路。

译文

对于事业失败陷入困境而心灰意冷的人，要思索而不是责难，回想他当初奋发的精神；对于事业成功感到万事如意的人，要观察他是否能长期坚持下去，考虑结局如何。

阅典笔记

人生在世谁也无法预料成功与失败，生活中成功的人固然有，失败的人也不少。可耀眼的花环总是戴在成功者头上，失败者面临穷途末路。不以成败论英雄，对失败者来说，最要紧的是要静下心来；对大众而言，应当客观看待失败者，想想他当初的本意是为了奋发上进。俗语所谓“好的开始就是成功的一半”，意思就是强调只要出发点正确就有可能创一番事业。一时的得失，并不能决定一个人一生的成败，“盖棺始能论定”。只要善于总结，失败可能是成功的前奏。同时，一个功成名就的人，如果不珍惜自己的成就，却为贪小利而身败名裂，会让人觉得惋惜；或者他自身的成功就是建立在一种自私自利的基础上，那么他的成功很可能就是失败的开始。

三十七

原典

居卑而后知登高之为危，处晦而后知向明之太露；守静而后知好动之过劳，养默而后知多言之为躁。

译文

站在低处然后才知道攀登高处的危险，在暗处然后才知道置身光亮的地方会刺眼睛；保持宁静心情然后才知道喜欢活动的人太辛苦，保持沉默心性然后才知道话说多了很烦躁。

阅典笔记

这是卑尊、晦明、静动、默躁的对比，强调的是人有所作为时应学会多向

思维，也就是善于站在相反一面来观察人生，对人生的体验应是多层次多角度的。身居高位的人往往得意忘形，被物欲权欲迷惑而不自觉。一旦从高处跌下之后，才明白身居高位的危险。人的体验往往是在对比之中才更加深刻。因此人们立身社会，在得意之时往往把一切都忘得一干二净，可是一旦走出社会归隐家园之后，才思考奔波劳碌一生所得的究竟是什么呢。很多事是不能造作和强求的，因为体验太少，思路不清。这也就是所谓“当局者迷，旁观者清”。可见只有站在不同角度才能看清庐山真面目。所以思考时要作面面观，要想做一番事业，必须有一个健全的思维，有丰富的体验，思考问题能够由此及彼，由近思远。而从做人来看，不可因一时的荣辱明暗而自我封闭，过分地自卑或自傲。

三十八

原典

放得功名富贵之心下，便可脱凡；放得道德仁义之心下，才可入圣。

译文

能丢开追逐功名富贵的思想包袱，就可以超越庸俗的尘世；不受仁义道德等教条的束缚，才能进入圣贤超凡绝俗的境界。

阅典笔记

任何事都不应走极端，寻求致富要在合法的范畴内。有了钱财，可以为自己的追求打基础，为社会的公益作贡献，这是好事。希冀得到权力应通过业绩来获取。有了权力，能够为国为民也是好事。如果为求取功名利禄不择手段，以种种不道德的行为去钻营，于是在无形中追求就发生了质变。所以一个人要在平凡中奋斗，不可太热衷于功名富贵。同理，仁义道德也非常重要，假如有人置仁义道德于不顾，那就跟一个不通人性的禽兽相同。但是假如太热衷于仁义道德，急着想做一个人人赞美的道德家，可行事上却没有敦品励学的毅力，结果就成了伪君子；或者把道德当教条，成了教条的奴隶，同样是不可取的。只有胸怀开阔者才能冲破教条牢笼创造大业。做人要有原则，要有灵活性，不能极端化。

三十九

原典

彼富我仁，彼爵我义，君子固不为君相所牢笼。人定胜天，志一动气，君子亦不受造化之陶铸。

译文

别人有财富我坚守仁德，别人有爵禄我坚守正义，所以君子绝对不会被君相的高官厚禄所束缚或收买。人的智慧一定能战胜大自然，思想意志可以转变自己的感情气质，所以君子绝对不受命运摆布。

阅典笔记

一个活得洒脱的人，不应为身外物所累，诗曰："我行我素"。孟子说："居天下之广居，立天下之正位，行天下之大道，得志与民由，不得志独善其身。富贵不能淫，贫贱不能移，威武不能屈。"不受富贵名利的诱惑，具有高风亮节的君子，胜过争名夺利的小人的一个重要因素，即在于君子保持自我的人格和远大的理想，超然物外，不为任何权势所左右，甚至连造物主也无法约束他。所以佛家才有"一切唯心造，自力创造非他力"一语。遵从大义，相信自我，一个有为的人理应锻炼自己的意志，开阔自己的心胸，铸造自己的人格，不为眼前的名利所累，把眼光放得长远。具有了人定胜天的气概，广阔天地才能任我驰骋。

四十

原典

进德修道，要个木石的念头，若一有欣羡，便趋欲境；济世经邦，要段云水的趣味，若一有贪著，便坠危机。

译文

磨炼心性提高道德修养，必须有木石一样坚定的意志，假如羡慕外界的荣华富贵，那就会被物欲包围困惑。治理国家服务社会，必须有一种宛如行云流水一样的淡泊胸怀，假如一有贪恋名利的念头，就会陷入危机四伏的险地。

阅典笔记

古人修身养性讲究心定，不为外物所扰，排除一切杂念。这种寻求内心悟性的方式用之于经邦济世，从政当权，是有积极意义的。一个当权者可能权倾朝野，一个有钱人或许富可敌国，一个入仕者可能雄心万丈，但决难具备隐世者的淡泊趣味及行脚僧人云游天下那种无忧无虑飘然出世的风貌，其恬淡超逸的清高志趣，绝对不是一个奔波于名利中的凡人所能望其项背的。但一个经邦济世的人也应具有这种胸襟，这样就可能看淡名利而保持清廉。如果一味贪恋荣华富贵、功名利禄，就等于一个一心向上的人没有基础而终有一日会跌入无底深渊，不仅不能为国为民服务，恐怕连身家性命也难保全。权力能使人腐化，只有不断修省，时时保持一种高雅脱俗的心性而在名利声中保持清醒，才可能不去随波逐流，自觉抵制贪污腐化。

务学篇

一

原典

善人无论作用安详，即梦寐神魂无非和气；凶人无论行事狠戾，即声音笑语浑是杀机。

译文

一个心地善良的人，言行举止总是镇定安详，即使在睡梦中的神情也都洋溢着一团祥和之气；一个性情凶暴的人，不论做什么事都手段残忍，甚至在谈笑之间也充满了让人恐怖的杀气。

阅典笔记

俗话说，江山易改，禀性难移。一个人的个性可以表现在他生活的各个方面，想伪装是很难的，是不会长久的。大凡一个遵守礼法的人，由于他的内心毫无邪念，所以言行显得善良，每个人都觉得他和蔼可亲。由于心地善良，不论处在什么时候，都能散发出一种安详之气。反之，一个生性残暴的人，不论处于何时，总会令人感到一种恐怖之气。因为这种人时时想着算计别人，占有其他。可见一个人是善是恶，能从他的言谈举止中察觉，即使在梦中也显出各自的心性。路遥知马力，日久见人心，我们在为人处世中，在工作中必须善于识人才对。

二

原典

福莫福于少事，祸莫祸于多心。唯苦事者，方知少事之为福；唯平心者，始知多心之为祸。

译文

一个人最大的幸福莫过于无扰心的琐事可牵挂，一个人的灾祸没有比疑神疑鬼更可怕的了。只有那些整天奔波劳碌、琐事缠身的人，才知道无事一身轻是最大的幸福；只有那些经常心如止水、宁静安详的人，才知道猜疑是最大的灾祸。

阅典笔记

一个有为的人应当具备“大智若愚、大巧似拙”的境界，这样就不会被琐事缠身，不会为闲言所困扰。而一个平常人的生活，也应该是以一生平安无事，没有任何祸端为幸福的。所有祸端均由多事而招致，多事又源于多心，多心是招致灾祸的最大根源。所谓“君子坦荡荡，小人长戚戚”，一个心地光明的人自然俯仰无愧，根本不用怀疑别人对我有过什么不利的言行。只有庸人、小人、闲人才整天为闲事、琐事忙碌，为依附权势、争夺名利奔波，为闲言碎语费尽心神地猜疑，可见他们的思想境界很低，难以意识到自己的可笑、可悲。

三

原典

奢者富而不足，何如俭者贫而有余；能者劳而府怨，何如拙者逸而全真。

译文

奢侈无度的人财富再多也感到不够用，这怎么比得上虽然贫穷却因为节俭而有富余的人呢；有才干的人操劳忙碌却招致大众怨恨，还不如笨拙的人由于安闲无事而能保全纯真本性。

阅典笔记

任何事都是相对的，不以相对的观点看待事物往往会走向绝对，而把事物固定化，看得一成不变。像钱财于现代生活而言不可或缺，但以之为生活的全部就走向了极端。生活奢侈的人，无论有多少财产，到头来也都挥霍精光。表面看来他好像很快乐，其实他内心常感不满足，因为他的财产越多欲望越强。可见人的欲望有如永远填不满的沟壑。反之，一个生活节俭的人，他们平日能量入为出，虽然并非富有，但是在金钱上从来没有感到不足，因此在欲望上也就没有非分之想，平平安安过着极快乐的日子。生活上要有知足感，工作中要讲究方法。不能因为自己有多方面的才能便事必躬亲，处处亲劳，结果可能会招致怨恨还办不好事情。对于一般人而言，能而劳，可能就压抑了别人的才能，使别人无从表现；如果是当权者，其能不应表现在自己如何亲为上，而在于怎样组织、管理，使每个人都可显其所能。而且，任何矛盾的出现是因为事做了，局面活了，矛盾便开始出现了；一潭死水时人们心意相对稳定。那么谁做谁就成了矛盾中心，不集怨才怪。闲者置身局外，当然会有时间去评头论足了。所以“能”应是相对的，个人的“能”不可能代替大家的“能”。做事前理应先看看想想。

四

原典

苦心中，常得悦心之趣；得意时，便生失意之悲。

译文

在困苦的逆境中能把握方向不屈奋斗，常常可以感受得到内心奋斗的喜悦，这种喜悦才是人生的真正乐趣；反之，如果在得意时骄纵狂妄，往往会种下日后祸患的根苗，导致痛苦的悲剧。

阅典笔记

任何事情都是在发展变化着的，苦悲可以转化，得失不是永恒。在这样的情况下，要看主观上用什么态度对待人生。人间悲苦是无情的，用这种心境来看待人生，那耳目所触尽是悲苦，结果就使人容易产生悲观思想，甚至造成厌世自杀的悲剧。人生本来是多灾多难的，但是我们必须征服这种苦难，绝对不可以抱着失败主义思想。另一方面，“乐极生悲”，“盛极则衰”，“苦是乐的种子，乐是苦的根苗”，因此一个人如果不及时彻底铲除苦恼的根苗，那得意过后失意的悲哀就会接踵而来。人不能因为一时的得失决定自己的一生，不能因一时的苦乐而放弃人生的奋斗。

五

原典

春至时和，花尚铺一段好色，鸟且啭几句好音。士君子幸列头角，复遇温饱，不思立好言，行好事，虽是在世百年恰似未生一日。

译文

当春天到来时阳光和暖，就连花草树木也争奇斗艳，在大地铺上一层美景，甚至连飞鸟也懂得在这春光明媚的大自然里婉转动听地鸣叫。士君子假如能侥幸出人头地进入杰出人物行列，同时每天又能酒足饭饱过上好生活，却不想为后世写下几部有益的书，做一些有益于世人的事，那他即使活到一百岁也如同一天都没活过。

阅典笔记

从古到今，身前重名，身后重誉是一个传统。尤其是对当权者来说，他的声誉取决于他的政绩如何，所谓“得时当为天下语”，一定要为天下苍生和后世子孙多做一些好事；假如不能这样，也应退而求其次完成几部不朽名著。因此，宋儒张载才发出“为天下立心，为生民立命，为往圣继绝学，为万世开太平”的呼声。既“幸列头角”，就应当有所作为。能为平民百姓请命是为清官，能为国家兴利除弊是为贤达，能为后人著书立说是为贤哲。人生在世如果有了作为的条件，理应为自己的抱负、为国家的兴旺去拼搏一番。

六

原典

真廉无廉名，立名者正所以为贪；大巧无巧术，用术者乃所以为拙。

译文

一个真正廉洁的人不与人争名，不一定有很响亮的名声，而那些到处树立名誉的人，正是为了贪图虚名才这样做。一个真正聪明的人不炫耀自己的才华，而那些卖弄自己聪明智慧的人，实际上是为了掩饰自己的愚蠢才这样做。

阅典笔记

生活中，人们对喜欢耍小聪明的人很讨厌，对欺世盗名之辈更是深恶痛绝。因为好名声必须凭真本领，如果为了博取人们的歌功颂德而不择手段，虽然可以名噪一时，却欺骗不了历史。所以一个真正廉洁的人，由于他廉洁的动机不在于让人歌功颂德，自然也就不会廉名远播；一个有大智慧的人决不会靠卖弄小聪明、炫耀才华来提高身价。想做点事业的人，应该认清真廉之名；大巧之人，应防被伪君子和耍小聪明的人所迷惑。

七

原典

天之机缄不测，抑而伸，伸而抑，皆是播弄英雄、颠倒豪杰处。君子不是逆来顺受；居安思危，天亦无所用其伎俩矣。

译文

上天的奥秘变幻莫测，有时让人先窘迫后发达，有时让人先发达后陷入困境，其实这些都是上天在捉弄那些自命为英雄豪杰的人。因此，一个真正的君子，如果能够坚忍地渡过外来的困厄和挫折，平安之时不忘危难，那么就连上天也没有办法对他施用任何的伎俩了。

阅典笔记

世事变化难以逆料，天机奥妙不可思议，不要说未来的事难以推测，目前的事也很难判断，就连古圣先贤也无可奈何。所以孔子对于处事有“尽人事以听天命”之叹，即对天命只好逆来顺受了。因为人的所知是有限的，对智力所不及的事情，很难违背自然法则。但这不意味着听天由命，个人的一生完全以天命来决定。人对自然的探求已历几千年，对人生的思考也可以说是与生俱来，因此对世界、对宇宙的认识也与日俱增。以前认为是天命的东西以后完全可以用科学解释，以前不可抗的东西现在以人之力也可应对了。唐太宗要发动政变夺取政权时，如果以占卜吉凶来定行止，很可能就没有以后的“贞观之治”了。唐玄宗登基后，蝗虫肆虐成灾，玄宗如果信天命不敢灭蝗，可能就没有以后的“开元盛世”了。一个人不应忽视自己的主观能动性，而要遵循自然法则不断探求、思考，不断提高认识，防患于未然。

八

原典

躁性者火炽，遇物则焚；寡恩者冰清，逢物必杀；凝滞固执者，如死水腐木，生机已绝：俱难建功业而延福祉。

译文

一个性情急躁的人，他的言行如烈火一般炽热，仿佛跟他接触的物体都会被焚烧；一个缺乏同情心、刻薄寡恩的人，他的言行就像冰雪一般冷酷，仿佛任何物体碰到他都会遭到残害；头脑顽固而呆板的人，像死水朽木，已经完全断绝了生机：这些都不是建功立业，为社会、人类造福的人。

阅典笔记

要想做一番事业，就必须认清人的个性。每人有自己的性格，有些人就很难与之共事：性情急躁而慌慌张张的人，刻薄寡恩而无情无义的人，顽固不化而固执己见的人，都难以相处。性情急躁的人对于任何事都缺乏全面考虑，完全听凭自己的浮躁之气去做，毫无沉着稳重之谋，他的个性好像一团烈火，遇事好生气，事后求原谅，即使在事业上取得成就，不久也会自毁前程；刻薄无情的人，或许有一副冷静的头脑，但是他对人对事冷酷无情，人们见到这种人就觉得不寒而栗，与别人很难建立起信任，他在事业上很难有什么建树；顽固不化的人，遇到事丝毫不讲究通融变化，他们的心性就宛如死水朽木毫无生气，认定一样东西，不管对错坚持到底，自以为是坚持原则，实际上是在坏事，所以这种人根本谈不上创造性。要寻求事业上的合作者，必须是志同道合，能知人、容人、用人的人。

九

原典

人只一念贪私，便销刚为柔、塞智为昏、变恩为惨、染洁为污，坏了一生人品。故古人以不贪为宝，所以度越一世。

译文

一个人只要心中刹那间产生贪婪或偏私的念头，那他就容易把原本刚直的性格变得很懦弱，聪明被蒙蔽得很昏庸，慈悲的心肠就会变得很残酷，原本纯洁的人格就会很污浊，结果是毁灭了一辈子的品德。所以古圣先贤认为，做人要以“不贪”二字为修身之则，这样，才能超越他人、战胜物欲度过一生。

阅典笔记

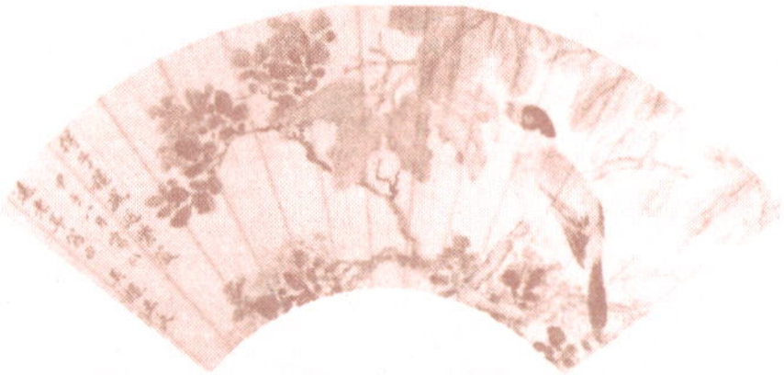

品行的修养是一生一世的事，艰苦而又有些残酷，尤其古人对品行有玷者很不愿意原谅。王阳明的理学主张“致良知”，他说:“良知无待他求，尽人皆有，只有被物欲汩没了他。”要求为人绝对不可动贪心，贪心一动良知就自然泯灭，良知泯灭就丧失了正邪观念。正气一失，其他就随之而变了，刚毅之气也就顿时化为乌有。而聪颖智慧也就变成了糊涂昏聩，仁慈也就变成了残酷刻薄，高尚品德也就染满了污点，只此一念之差就使一生的人格破产。俗话说：吃人家的嘴软，拿人家的手短。生活中一些人抵不住“贪”字，灵智为之蒙蔽，刚正之气由此消除。在商品社会，许多人经不住贪私之诱，以身试法。一些人大半生清白可鉴，却晚节不保，诚可惜哉。“不贪”真应如利剑高悬才对，警世又可以救人。

十

原典

图未就之功，不如保已成之业；悔既往之失，不如防将来之非。

译文

与其谋划没有把握完成的功业，不如维护已经完成的事业；与其懊悔以前的过失，不如好好预防未来可能发生的错误。

阅典笔记

人的一生可划成三个阶段，即过去、现在、未来。人应当抱着不懊悔或夸耀过去、要检讨或反省过去，不轻视或不满现实、要把握或迁就现实，不梦想或恐惧未来、要策划或创造未来的态度才行。古人有“前事不忘，后事之师”的明训，说明我们可以通过检讨过去来借鉴眼前，策划未来。而最关键的是不要把精力放在对已经过去了的东西的纠缠上，像一个老人一样不停地回忆，而要把立足点放在眼下，从现在做起，这才是干事业应有的认识。

十一

原典

风来疏竹，风过而竹不留声；雁渡寒潭，雁去而潭不留影。故君子事来而心始现，事去而心随空。

译文

轻风吹过稀疏的竹木会发出沙沙的声响，可是当风吹过去后竹林并不留下声音而仍旧归于寂静；大雁飞过寒潭会倒映出雁影，但是雁飞过后清澈的水面依旧是一片晶莹并没有留下雁影。由此可见，君子遇事其本性才会显现出来，事后其本性也就恢复了原来的空虚平静。

阅典笔记

人不能总为烦恼忧心，不能老让琐事缠身，当人间万象纷至沓来时，一个有修养的人是善于调节内心平衡的。佛语有“象由心生，象随心灭”。当风来，竹子就知道与风因缘遇合，风过去之后缘尽又一切皆空。所以说“风过而竹不留声”。事物不论是长是短是苦是乐，最终不由个人意志决定。所以人生应当抱定随遇而安的态度，事情来了就用心去服务，事情过去之后心要立刻恢复寂静，如此才能保持自己的本然真性而不失。用这种心态来处世，就是拿得起，放得下。这不是逃避社会责任，而是一种办事方法。因为事有大小，如果事事劳心挂念，整天在事务中忙忙碌碌，分不清大小主次，同样会没有效率。

十二

原典

清能有容，仁能善断；明不伤察，直不过矫。是谓蜜饯不甜，海味不咸，才是懿德。

译文

清廉而有容忍的雅量，仁慈而又能当机立断，精明而不防害细察，刚正而又不至执拗，这种道理就像蜜饯虽然浸在糖里却不过分的甜，海产的鱼虾虽然腌在缸里却不过分的咸。一个人要能把持住不偏不倚的尺度，才算是具有处人做事的美德。

阅典笔记

严于品德修养是好的，但严的结果应该是符合中庸之道，这样行事才可能不偏颇。不能认为因为自己品格优良或做好事就自然正确，往往正确过头却适得其反。一个清廉自守的人固然值得尊敬，可是他们往往矫枉过正，把自己的格调提升得很高，对于社会上的万事万物容不得一点沙子，嫉恶如仇，结果就变成毫无容忍雅量的偏激之徒。这样行事，其主观努力和客观效果很可能相反。反之，一个宽宏大量而又居心仁厚的人固然受人爱戴，可这种人可能又往往缺乏果断力。这样的人可以成一个老好人，却办不得大事。一个聪明人如果没有高尚的品德修养，不能在处事中掌握好分寸，那么聪明会对他造成妨害，就是通常所说的“聪明反被聪明误”。一个人很精明，可精明到至清便可能一事无成。可见做事要保证主观努力和客观效果一致，一方面要求品德端正，另一方面得把好做事的尺度，有一个合适的方法才行。

十三

原典

贫家净扫地，贫女净梳头，景色虽不艳丽，气度自是风雅。士君子一当穷愁寥落，奈何辄自废弛哉！

译文

一个贫穷的家庭要经常把地打扫得干干净净，贫家的女子经常把头梳得整整齐齐，摆设和穿着虽然算不上豪华艳丽，但是能保持一种高雅脱俗的气度。因此君子一旦际遇不佳而处于穷困潦倒的时候，为什么要委靡不振，自暴自弃呢！

阅典笔记

贫与富都是身外物，无论家贫或家富都应保持精神上的超越。人的气质品性不完全是外界物质所能决定的。贫穷人家虽然身居茅屋草舍，但是假如能把屋里屋外打扫得干干净净，也会使精神愉快，培养出清雅气象。一个人生长在贫穷人家，所穿的虽然都是粗布衣裳，但是如果衣冠整洁，仪态大方，精神充实，举止有度，自然也能增加高雅气质。可是有一些修养不够的书生，稍不如意就怨天尤人，遇到挫折就垂头丧气，委靡不振。如此怨天尤人，牢骚满腹，失去风雅，终将一事无成。

十四

原典

以幻迹言，无论功名富贵，即肢体亦属委形；以真境言，无论父母兄弟，即万物皆吾一体。人能看得破，认得真，才可以任天下之负担，亦可脱世间之缰锁。

译文

世事变幻无常，不管是功名或是富贵，就是自己的四肢躯体也是上天所赐的；当我们超越一切物相来看客观世界，不论是父母或是兄弟，甚至连天地间的万物也都和我属于一体。一个人能洞察物质世界的虚伪变幻，又能认得清精神世界的永恒价值，才可能肩负起救世济民的重任，也只有这样才能摆脱人间一切困扰你的枷锁。

阅典笔记

人必须不为外物所累才能保持心灵的安宁、淡泊。但在商品经济的社会中，追求金钱、讲求致富是普遍的社会风尚。当人的心灵被金钱所锈蚀，那么人已经不再是自己精神的主宰者，而完全成为物质文明的被支配者。假如过分强调返璞归真、操守清廉，是不现实的。但一个人不讲道德情操，一个社会不讲精神追求，以致学子放下学业，先生丢下教鞭下海追求金钱致富，那么这种求富是畸形的。对一个有作为的人来讲，不摆脱物累而加入世俗的争逐就不会有所为、有所成。

十五

原典

士君子持身不可轻，轻则物能挠我，而无悠闲镇定之趣；用意不可重，重则我为物泥，而无潇洒活泼之机。

译 文

君子平日待人接物绝对不可轻浮急躁，因为一旦轻浮急躁，就会把事办糟而受到困扰，这样自然就会丧失悠闲宁静的趣味；处理事情不可思前虑后想得太多，不然就会陷入外界制约，丧失潇洒旺盛的生机。

阅典笔记

生活中，我们很钦佩那种在危急关头临阵不慌、镇定自若的大将风度，这种风度绝不是与生俱来的，而是由于后天的修持。持身不可轻，用意不可重，可以看作人的性格磨炼之道。轻重是相对的，一个人做事固然不可过于鲁莽，也不可考虑太多，否则势将什么大事也做不了，轻与重要把握好适度的原则。

十六

原 典

天地有万古，此身不再得；人生只百年，此日最易过。幸生其间者，不可不知有生之乐，亦不可不怀虚生之忧。

译 文

天地万古运行不变，可人的生命只有一次，死后就不再复活；一个人最多只会活百岁，可是百年的时间跟天地来比只不过是一刹那。有幸诞生在天地间，既不可不了解我们生活中所应享的乐趣，也不可蹉跎岁月而有虚度一生之叹。

阅典笔记

生老病死是自然规律，惜时如金是千百年来古人的明训。陈子昂说："前不见古人，后不见来者。念天地之悠悠，独怆然而涕下。"曹操叹"人生几何"，"譬如朝露，去日苦多"。人生七十古来稀，人的一生太短了。短暂的一生是庄子那般"梦为蝶，蝶为梦"地感伤不息呢，还是"人生得意须尽欢，莫使金樽空对月"地豪饮呢？人要珍惜人生之乐，但"不可虚度"的标准在于要用有限的生命投入到一番利国利民的事业中去。只有在为国为民的服务中才会感觉到人生之乐，体会到生命的价值。

十七

原典

老来疾病，都是壮时招得；衰后罪孽，都是盛时造得。故持盈履满，君子尤兢兢焉。

译文

年纪大时体弱多病，那都是年轻时不注意爱护身体招来了病根儿；一个人事业失意以后还会有罪孽缠身，那都是得志时埋下了祸根儿。因此一个有高深修养的人，即使生活在幸福环境，处在事业巅峰，也要兢兢业业，戒骄慎言，为今后打下好基础。

阅典笔记

人总喜欢回忆过去，而很少实在地预测未来。人的一生变化无常，“得意无忘失意日，上台勿忘下台时”，所以一个人在春风得意时要多做好事多积德，免得失势以后留下罪孽，官司缠身。所谓多行善事正是为今后着想，就像是人的体格，青壮年时不注意保养锻炼，老来多病又能怪谁呢？而一个有修养有道德的人，在顺境、在有势时，总是小心翼翼，居安思危，绝不会像市井之徒那样抱今朝有酒今朝醉的人生态度。

十八

原典

市私恩，不如扶公议；结新知，不如敦旧好；立荣名，不如种隐德；尚奇节，不如谨庸行。

译文

与其施恩惠给别人收买人心，倒不如以光明磊落的态度去争取社会大众的舆论支持；与其结交很多不能劝善规过的新朋友，倒不如重修一下跟老朋友之间的情谊；与其想法子提高知名度，倒不如在暗中积一些德；与其标新立异去显示名节，倒不如平日谨言慎行，多做一些好事。

阅典笔记

一个想从政济世的人，以哪种态度立身将决定他能否有功于国。

是怀着天下为公的抱负还是只为追求功名？是实事求是还是标新立异，只为一己之私誉？这和个人的品德修养紧紧相连。没有一个高尚的品德而从政，没有悬壶济世的本领却硬要行医，结果就变成了名副其实的“悬壶欺世”，最后总是找出一些看似合理、实际根本不合理的理由搪塞民众。这种不知积德的伪君子比之小人更可恨。他们手里有权，便可以任意胡来，劳民伤财。所以选择德与才兼备的人是政治清廉的首要条件，而从政者自身不加强修养，是谈不上建立真正功业的。

十九

原典

小处不渗漏，暗处不欺隐，末路不怠荒，才是个真正英雄。

译文

做人做事即使在细微的地方也不可粗心大意，有所疏漏；即使在没人听见、没人看见的地方，也绝对不可以做见不得人的坏事；尤其是处于穷困潦倒、不得意的时候，仍旧不要忘志。这样的人才算得上是真正有作为的英雄。

阅典笔记

英雄未必都做大事。一个人的成就是平时点滴积累而致。意志上品德上待人上，无不从小处做起，而能成大事者关键是志向远大，胸怀宽广。有时，一个人一生事业的成功与失败，往往就在于一些不为人所注意的小节上，“千丈之堤，毁于一蚁之穴”。例如亚历山大大帝的父亲腓力二世，本来是一位雄才大略的君主，不料正当他统率马其顿大军策马东征之际，突然被他的一个亲近侍卫刺杀身死。原来这个侍卫跟他的一个恃宠而骄的妃子发生争执，侍卫就向他诉苦申告，可是他当时正忙于接待各国贵宾，一个小小的侍卫何必去理睬他？于是随意敷衍几句就不理了。侍卫气愤难消，竟拿起佩剑当场把他刺死。相反，周恩来总理在国宾馆看到工作人员把口水吐到了地毯上，并没有去训斥，而是亲自用手巾把口水擦掉。身教胜于言教，小事中见伟大，大人物如此，小人物同样。欲有为者应大处着眼，小处着手。千里之行，始于足下。

二十

原典

衰飒的景象就在盛满中，发生的机缄即在零落内。故君子居安宜操一心以虑患，处变当坚百忍以图成。

译文

衰败零落的景象往往在之前的繁茂时就隐藏着，草木的蓬勃生机也早就孕育在换季的凋零时刻。所以君子应当在平安无事时保持清醒的理智，以便防范未来某种祸患的发生；一旦处身于变乱灾难之中，就要拿出毅力咬紧牙关，坚定信念继续奋斗，以求事业成功。

阅典笔记

日月盈亏是自然规律，人生兴衰也是不断变化着的。《易经》提出“日中则昃，月盈则亏”的道理，就说明了天地间万事万物都会由盛而衰，在极盛时代就已经露出衰败凋谢的预兆。人的一生同样如此，盛的时候应保持清醒，防患于未然；衰的时候不应自暴自弃。所以，意志、修养在盛衰之时都应具备。

二十一

原典

优人傅粉调朱，效妍丑于毫端，俄而歌残场罢，妍丑何存？弈者争先竞后，较雌雄于著子，俄而局尽子收，雌雄安在？

译文

伶人在脸上搽胭脂涂口红，一切美丑都决定在化妆笔的笔尖上，但转眼之间歌舞完毕曲终人散，方才的美丑又到哪里去了呢？下棋之人在棋盘上激烈竞争，一切胜负都决定在棋子上，但转眼之间棋局完了子收人散，方才的胜败又到哪里去了呢？

阅典笔记

宋儒邵尧夫咏下“尧舜指下三杯酒，汤武争逐一局棋”的名句，因为在他看来，善善者只不过是三杯酒的事，恶恶者只不过是一局棋而已。人生不过数十寒暑，一切是非成败在历史长河中都是短暂的，万般事物在弹指之间就消失得无影无踪。掌上千秋史，一册在手，跨越千年，风云人物尽收眼底，那时的人生也如眼前的人生，好比演戏，喜怒哀乐悲欢离合，尔虞我诈你争我夺。可是刹那之间舞台上又会换上一批新角色。封建时代有其特定的环境，但都离不开为了利益之争而征战厮杀的局面，如棋局上的子儿，各布奇谋，实际上都在让生灵涂炭。由此而知人。人生那么短暂，转眼即逝，又何苦费尽心机，为谋富觅贵而不择手段呢？

二十二

原典

风花之潇洒，雪月之空清，唯静者为之主；水木之荣枯，竹石之消长，独闲者操其权。

译文

清风下花儿随风摇曳的洒脱，明月下积雪的空旷清宁，只有内心宁静的人才能享受这种怡人景色。树木的茂盛与枯荣，竹石的消失与生长，只有富于闲情逸致的人才能掌握其变化规律。

阅典笔记

大自然的风光是不是只有具有闲情逸致的人才会去欣赏呢？虽然大自然的山川草木、奇花异石，都是供人欣赏，调剂情绪，陶冶身心的，但把全部时光、精力都消磨在风花雪月中，此生只好静，万事不关心，是不是太自私了呢？物欲强者迷于富贵功名，雅兴高者恋于山川美景，各有所求，情趣不一，感受自然不同。唐诗有“铁甲将军夜渡关，朝臣待漏五更寒。山寺日高僧未起，算来名利不如闲”，否定功名利禄，主张清静无为。但是置身大自然之中是为了陶冶性情，体察世上万物的变化是为了寻求其规律，只有以闲情、以心静才可以耐得寂寞，才能体会自然的情趣。只有沉浸于对万物变迁的细察，才会忘却人世喧嚣，抛却人际烦恼。

二十三

原典

田父野叟，语以黄鸡白酒则欣然喜，问以鼎食则不知；语以缊袍短褐则油然乐，问以衮服则不识。其天全，故其欲淡，此是人生第一个境界。

译文

跟乡下老农谈论黄鸡白酒的家常便饭，他们就会显得兴高采烈；如果问他们一些山珍海味等佳肴，他们就茫然不知。一提起长袍短褂，他们就不由得会流露出欢乐表情；假如问起黄袍紫蟒，他们就一点也不懂了。可见农夫保全了纯朴本性，所以他们的欲望才很淡泊，这才是人生的第一等境界。

阅典笔记

乡村生活用“清淡”二字来形容是适当的。正因为清淡惯了，见得少，知道得少，所以欲望就少得多。宋词中有不少写农家生活的佳篇，如“莫笑农家腊酒浑，丰年留客足鸡豚”，“家家扶得游人醉，稻花香里说丰年”。人们留恋的不仅是农家清淡、简朴、天然的食物，更怀念乡村纯朴、真挚、热情的古风。人随着年龄的增长越发怀念乡村，怀念友情，怀念童年，实际上是在回忆那份真情，那份天性，那份自得其乐、别无所求。

二十四

原 典

兴逐时来，芳草中撤履闲行，野鸟忘机时作伴；景与心会，落花下披襟兀坐，白云无语漫相留。

译 文

心血来潮时，不妨脱下鞋袜光脚在草地上散步，就连野鸟也会忘记被人捕捉的危险而和我作伴；当大自然的景色和我的思想融为一体时，何妨披着衣裳静坐在落花下深思，白云虽然不说话，但是留恋依依。

阅典笔记

人应当善于调节自己的生活。古代的知识分子很讲究生活的情趣，处雅地而行雅事，处大自然之中体会心跟天地之气相通，感应天人合一，使身心跟万物浑然成一体，人怡然陶醉在“人来鸟不惊”的忘我境界中。这种佳境该说是快乐似神仙了。一个人如果在世俗的争斗与尘世的喧嚣中度过一生，却不知大自然之乐，不识人间真趣，岂不可悲？

二十五

原典

涉世浅，点染亦浅；历事深，机械亦深。故君子与其练达，不若朴鲁；与其曲谨，不若疏狂。

译文

一个刚踏入社会的人阅历很浅，所以沾染的各种社会不良习惯也较少；一个饱经世事的人，经历的事情多了，城府也随着加深。所以君子与其处事圆滑，不如保持朴实的个性；与其事事小心谨慎，委曲求全，倒不如豁达一些才不会丧失纯真的本性。

阅典笔记

对刚刚跨进社会的人来说，存在一个怎样适应社会的问题，因为处世的经验还很短浅，还没被浮世的恶习所感染。而经历了人间种种浪涛、历尽了人间艰难险阻的人，经验积累比较多，相应地城府也就比较深。社会是一所大学校，人生是一个大舞台，涉世深的人由成功和失败中积累的经验，帮助他应酬着出现的种种问题。经验有好有坏，汲取的教训可以是正面的，也可以是负效应。有的人却从消极的、不好的方面去积累经验，品格便逐渐发生质的变化。这种人往往心存险诈，任何坏事都敢做。从这个角度来讲，君子遇事不要只求练达，应特别注重抱朴守拙的忠厚作风。太讲究练达和圆通，就会失去本性，变成一个老奸巨猾、不受人欢迎的人。如此反而不如保持一切都不加修饰的纯朴面目。练达、曲谨与朴鲁、疏狂是相对的，在一味追求金钱、权力并为此尔虞我诈、你死我活的情况下，多些真情，多些真诚，多些朴实，多些洒脱是很可贵的。

二十六

原典

势利纷华，不近者为洁，近之而不染者尤洁；智械机巧，不知者为高，知之而不用者为尤高。

译文

权利和财富使人眼花而乞求，不接近这些的人志向高洁，接近了而不受其污染者品格更为高尚；权谋和诡诈，不知道者固然高尚，知道了却不使用就更难能可贵了。

阅典笔记

有的人遇到有利可图的事，就削尖脑袋往里钻，贪一点便宜。而在有钱有权有势的人周围，天天都有趋炎附势的人聚集一堂；由于都是怀着一个贪字有求而来，所以以利益为驱动的组合不可能有人间真情，出现“富居深山有远亲，贫在闹市无人问”，即所谓世态炎凉是不足为奇的。为了保持人格的高尚，不应为个人利益去争逐名利。还要看到，智械机巧是从智慧和才干中锻炼而来。假如为了自身利益就去施展权谋术数，反而不如那些不懂得智械机巧、憨厚的人显得高尚。尤其是有机会把握权力，掌握金钱，却依然保持高洁，不因权力而贪污，不因金钱而堕落，是非常可贵的，即所谓“富贵不能淫”。权势名利是现实生活中必然遇到的，有人格、有原则的人才可能出污泥而不染；也正为了保持自己的人格，才耻于机巧权谋的运用，而视权势如浮云。

二十七

原典

君子之心事，天青日白，不可使人不知；君子之才华，玉韫珠藏，不可使人易知。

译文

君子有高深修养，他的心地像青天白日一样光明，没有什么不可告人的事；君子的才华应像珍藏的珠宝一样，不应该轻易炫耀让，让别人知道。

阅典笔记

胸怀坦荡是做人的原则之一，“才华须藏”则是处世的原则之一。人生在世必须面对各种现实问题。人是生而平等的，人人都有追求幸福的权利。在一个公平、安定、民主的社会，人们才可能以诚待人，才能避免尔虞我诈，进而建立和谐的人际关系，形成安定的社会局面，使每个人都有机会发挥才华。在现实社会中，发挥才干和把握时机关系很大。在一个充满猜忌的环境中，就必须牢记因才招忌的教训。历史上权臣、小人运用权力杀死才干比自己高的人的例子不胜枚举。在这种情况之下就要暂时明哲保身，玉韫珠藏。这不是说就此永远消极颓废，而是等待时机来临。所谓“邦无道则隐，邦有道则现”，有时隐藏自己也是一种竞争的方式。同时，“玉韫珠藏”也表现出一种深思熟虑，不轻言浮议，而一鸣则惊人。

二十八

原典

疾风怒雨，禽鸟戚戚；霁月光风，草木欣欣。可见天地不可一日无和气，人心不可一日无喜神。

译文

在狂风暴雨中，飞禽会感到哀伤忧虑，惶惶不安；晴空万里的日子，草木茂盛，欣欣向荣。由此可见，天地之间不可以一天没有祥和之气，而人间不可以一天没有欢欣之气。

阅典笔记

杜甫诗中有“感时花溅泪，恨别鸟惊心”的体验。对世间的万事万物的感受常随我们的心理变化而变化。当我们怒气冲天时，看一切事物都觉得可恨可憎；当我们悲伤感叹时，看一切事物都觉得可悲可泣；当我们喜笑颜开时，看万事万物都觉得可喜可乐。所以一个人经常保持开朗的心情、乐观的态度、豁达的心胸是事业成功、人生幸福的基础。悲观促使人丧失心志，暴戾容易招来意外之祸，时时怨天尤人会使人变得孤独。只有肯乐观奋斗的人才能享受幸福的人生。心胸坦荡，做事必然光明磊落；乐观开朗，做事必然条理分明；而思想偏激，做事必然不合义理；悲观失意，做事必然横逆曲折。可见世事的通与不通有时完全存于一念之间，立身首先要在涵养上多下功夫。人们喜欢风和日丽的春景，同样，人们也喜欢平和快乐的人生。一个人保持一种健康、豁达、安然的心态，那么他周围的世界就是一个欢快美丽的世界。

二十九

原典

天地寂然不动，而气机无息稍停；日月昼夜奔驰，而贞明万古不易。故君子闲时要有吃紧的心思，忙处要有悠闲的趣味。

译文

我们每天都看到天地好像无声无息不动，其实大自然的活动时刻未停。早晨旭日东升，夜晚明月西沉，日月昼夜更替，而日月的光明却永恒不变。所以君子应效法大自然的变化，闲暇时要有紧迫感，作一番打算，忙碌时要做到忙里偷闲，享受一点生活中悠闲的乐趣。

阅典笔记

宇宙间静中有动，动中有静，动静相间，运动不停，如此才能完成宇宙的旋转，这是宇宙变幻无穷的根本法则。作者通过辩证地看待宇宙的变化规律来认识人生的处事法则，即一个人要在闲暇无事时存有应变之心，忙碌紧张中要忙里偷闲地多争取日常生活中的雅趣。闲时吃紧，居安思危，未雨绸缪，做事要有长远考虑。而遇到事情头绪多，不应当分不清层次，不考虑效果，要在忙中静下来深思自己的路子对不对，学会调理自己的情绪而不至于盲目，通过生活的乐趣来平衡自己的身心。总而言之，要保持“吃紧时忙里偷闲，悠闲时居安思危”的境界，并使其成为自己处理事情的一个基本方式。

三十

原典

恩里由来生害，故快意时须早回首；败后或反成功，故拂心处莫便放手。

译文

身处顺境被主人恩宠，往往会招来祸患，所以一个人志得意满时应该见好就收，尽早觉悟；遭受挫败后有时反而会使一个人走向成功之路，因此不如意时，千万不可就此罢休，放弃追求。

阅典笔记

得意时早回头，失败时别灰心，这是人们根据长期生活积累而得到的经验之谈。尤其是第一句话，其政治含义很深。在封建社会，有“功成身退”的说法，因为“功高震主者身危，名满天下者不赏”，“弓满则折，月满则缺”，“凡名利之地退一步便安稳，只管向前便危险”。这些都说明了“知足常乐，终生不辱；知止常止，终身不耻”。张良、范蠡等人功成身退，急流勇退，常让后人感叹称赏。而李斯为秦国建大功却身亡，发出“出上蔡东门逐狡兔岂可得乎”的哀鸣，正应验了俗语说的“爬得越高，摔得越重”的道理。因为权力最能腐化人心，而人们由于贪恋名利，往往会招致身败名裂的悲剧下场。西汉的吴王刘濞等所发动的“七国之乱”，就是由于妄贪更大的权位和名利，才使七王个个惨遭灭门之祸。而从做人角度看，得意时更要谨慎，不骄不躁。至于后一句话，其生活意义更明显。所谓失败乃成功之母，一个人不受挫折是不可能的，关键是受了挫折不气馁。

三十一

原典

面前的田地要放得宽，使人无不平之叹；身后的惠泽要流得久，使人有不匮之思。

译文

一个人待人处事的心胸要宽厚，使你身边的人不会有不平的牢骚；死后留给子孙与世人的恩泽要流得长远，才会使子孙有不断的思念。

阅典笔记

人生在世究竟该怎样做人，从古至今一直都是人们争论不休的一个话题。是“争一世而不争一时”，还是“争一时也要争千秋”？是只顾个人私利“不管他人瓦上霜”或损人利己，还是为社会、为人类做有益的事，作些贡献?这实际上是两种世界观的较量。生活中，一个心胸狭窄的人，凡事都跟人斤斤计较，如此必然招致他人的不满。人在世时宽以待人，善以待人，多做好事，遗爱人间必为后人所怀念，所谓“人死留名，虎死留皮”，爱心永在，善举永存。而恩泽要遗惠长远，则应该多做著书立说、修桥建校之类能在人心和社会上长久留存的善举。只有为别人多想，心底无私，眼界才会广阔，胸怀才能宽厚。

三十二

原典

路径窄处留一步，与人行；滋味浓的减三分，让人嗜。此是涉世一极乐法。

译文

在狭窄的路上行走，要留一点余地让别人走；遇到美味可口的食物，要留出三分让给别人吃。这就是一个人立身处世最快乐的方法。

阅典笔记

并不是一切情况下都是狭路相逢勇者胜。比如有时走山边小路不能两人同时通过，如果争先恐后就有都坠入深渊的危险。在这种情况之下自己要先停住脚步，让他人过去才算有礼貌，也最安全。自个儿在吃美酒佳肴时，不可以总是一个人独享，要想想周围还有许多不如自己的人，否则人们可能由于妒忌而产生想法。生活中，对汽车行驶要求“宁等三分，不抢一秒”，既是为了安全，也为了表现出谦让。个人生活中，除了原则问题必须坚持，对小事、个人利益相互谦让就会带来个人的身心愉快，带来和谐的人际关系。

三十三

原典

交友须带三分侠气，作人要存一点素心。

译文

跟朋友相处时必须抱着患难与共、拔刀相助的侠义精神，而做人要有一颗天真善良的赤子之心。

阅典笔记

朋友往来不可只重视饮宴谈笑的交际应酬，应重视道义之交，即有患难相助的侠义精神，锄强扶弱，不为暴力所屈，进而做到心心相印。假如交友本着互相利用的态度，那就违背了交友之道。交友、做人都应该保持一颗纯洁的赤子之心，行善济世、关心社会而不只是一味独善其身，随俗而不为外物所染。人始终应该保持一颗纯洁之心，与志向一致、心灵相通、有侠肝义胆之人一起为社会服务。

三十四

原典

处世让一步为高，退步即进步的张本；待人宽一分是福，利人实利己的根基。

译文

为人处世要有退让一步的态度才算高明，因为让一步就等于是为日后进一步作好准备；而待人接物以抱宽厚态度为最快乐，因为给人家方便实际上是给自己留下日后方便的基础。

阅典笔记

为人处世理当宽厚，虽然有时退让和宽容是建立在自己苦忧的基础上，但也应把快乐让给别人。宋代范仲淹所说的“先天下之忧而忧，后天下之乐而乐”这种做人态度，才应是修养品德和心性的方向。乐的结果可能转化为苦，苦的结果可能转化为乐，苦乐相循是自然法则，其理恰如日月星辰的旋转。一个不能吃苦的人万事难以功成，苦尽甘来乃是不变的真理。名利地位固然能鼓励人奋发向上，但是假如过分重视名利，有时也会给人带来无限苦恼。通常所说的“知足者常乐”就某种意义来说，显得有点消极，但是对于那些为追逐名利而贪赃枉法的人而言，这句话仍不失为至理名言。因为“让一步”、“宽一分”待人处世是把苦留给自己，把功把名给别人，这种牺牲精神可以求得自我的精神慰藉，也足以赢得世人的敬重；反过来，这种敬重也算是自己的所得吧。

三十五

原典

盖世功劳，当不得一个“矜”字；弥天罪过，当不住一个“悔”字。

译文

即使有盖世的丰功伟绩，也承受不了一个“矜”字所引起的相反效果的抵消，一居功自傲便可能前功尽弃；犯了滔天大罪，也挡不过一个“悔”字，只要忏悔，就能赎回以前的罪过。

阅典笔记

一个人应该有自知之明，任何时候、任何情况下都应摆正自己的位置，保持自谦上进的品质。即使是为国家建有大功，成为了天下崇拜的英雄伟人，假如自己产生自夸功勋的念头，把自己沉浸在一个荣誉的花环中，不思进取，那他的大功不但会在自傲中丧失，说不定为此还会招来意外的祸患。俗话说“骄傲使人落后”，就是这个道理。古人所说“一将功成万骨枯”，可见任何丰功伟绩并不是某一个人所能建立的，都要有无数人一起抛头颅洒热血才能完成。不管是功臣还是常人，把一世功劳都占为己有，那他就不能算是具有崇高道德的人。一个人的功劳只能代表过去，未来的一切都必须重新开始。所以我们做人必须切实排除这个“矜”字。反过来，犯下滔天大祸的人，假如能彻底忏悔，洗心革面重新做人，邪念就会全消，罪孽也会得到救赎。

三十六

原典

完名美节，不宜独任，分些与人，可以远害全身；辱行污名，不宜全推，引些归己，可以韬光养德。

译文

完美的名誉和节操，不要一个人独占，必须分一些给旁人，才不会惹他人忌恨招来祸害而保全生命；耻辱的行为和名声，不可以完全推到他人身上，要自己承揽几分，才能掩藏自己的才能而促进品德修养。

阅典笔记

做人不能只沾美名，害怕责任，应当敢于担责任，担义务。从历史上看，一个人有伟大的政绩和赫赫的武功，常常会遭受他人的嫉妒和猜疑，历代君主多半都杀戮开国功臣，因此才有“功高震主者身危”的名言出现。只有像张良那样功成身退、善于明哲保身的人才能防患于未然。所以君子都宜明了居功之害。遇到好事，总要分一些给其他人，绝不自己独享，否则易招致他人怨恨，甚至杀身之祸。完美名节的反面就是败德乱行。人都喜欢美誉而讨厌污名。污名固然能毁坏一个人的名誉，然而一旦不幸遇到污名降身，也不可以全部推给别人，一定要自己面对现实承担一部分，使自己的胸怀显得磊落。只有具备这样涵养德行的人，才算是完美而又清高脱俗的人。让名可以远害，引咎便于韬光，这本身就是处世的一种良策。

三十七

原典

事事留个有余不尽的意思，便造物不能忌我，鬼神不能损我。若业必求满，功必求盈者，不生内变，必召外忧。

译文

做任何事都要留余地，不要把事情做得太绝，这样即使是造物主也不会嫉妒我，神鬼也不会伤害我。假如对一切事物都要求尽善尽美，对一切成就都希望登峰造极，即使不为此而发生内乱，也必然为此而招致外患。

阅典笔记

从做人、做事业的角度来看，“满招损，谦受益”、“天道忌盈，卦终未济”这些道家思想对中国人生活方式影响很大。例如老子在《道德经》中说：“持而盈之不如其已，揣而锐之不如长保。”而“知进而不知退，善争而不善让”就会招致灾祸，所以历史上司马光在《资治通鉴》中才发出“汉三杰而已，萧何系狱，韩信诛夷，子房托于神仙”的慨叹。人们凡事都求全求美，绞尽脑汁企图来达到这个目标。其实不论何事都不应妄想登峰造极，因为有上坡就必然有下坡，也就是有上台必然有下台的一天，事情到了一定的限度必然发生质的变化。一件事成功了，如果不及时总结以保持头脑清醒，反而骄傲自满，沉溺在过去的成功之中，那么就可能使事情走向它的反面。从另一个意义来讲，功业不求满盈，留有余地，也是一种处世方法。比如对于置钱财家业，求多求尽，对于功名地位，求高求上，不知急流勇退，不知保持人的本性而成为守财奴，不知预先留几分余地才会安全，那么正应了古圣先贤的至理名言，历史教训就会再现。

三十八

原典

攻人之恶毋太严，要思其堪受；教人以善毋过高，当使其可从。

译文

责备别人的过错时不可太严厉，要考虑到对方能否承受；教诲别人行善时不可以期望太高，要顾及到对方能否做到。

阅典笔记

在处理人际关系时应当有些儒家思想。儒家在人际关系上最讲究“恕”的观念。“恕”就是宽恕、原谅。在此基础上要考虑对方的才智能力，能否接受你的教诲或批评。对方接受的能力有限，你的批评或教诲实际上是零。“恕”不是无原则的宽容不管，而是要充分考虑对方的智力和承受力。往往在现实中，有的人责备别人的过失唯恐不全，抓住别人的缺点便当把柄，处理起来不讲方法不讲效果而图泄一时之愤。而诲人者要么期望太高，要么把自己的意愿强加于人，要么成才心切，不顾实际地填充别人装不进去的东西，不考虑实际效果。这都是责人或诲人时所不足取的。

三十九

原典

处世不必邀功，无过便是功；与人不求感德，无怨便是德。

译文

人生在世不必想方设法去强取功劳，其实只要没有过错就算是功劳；救助人不必希望对方感恩戴德，只要对方不怨恨自己就算恩德。

阅典笔记

“无功便是功，无怨便是德”，在这里并非指俗话所说“多做多错，少做少错，不做不错”的消极思想，而是一种舍己为人的精神。真正的给予，绝不是施小惠，而是一种自我牺牲。假如施恩图报，那就等于贪婪而不是给予。真正的给予应该是牺牲自己照亮别人。用现在的话讲就是多贡献，少索取，对不属于自己的东西不强求，应该听其自然，强求反而会适得其反。从这个意义上讲，不邀功就可以保持自我而不被功利所迷惑，才会把奉献、给予当成一种崇高的境界来追求。

四十

原典

忧勤是美德，太苦则无以适性逸情；淡泊是高风，太枯则无以济人利物。

译文

尽心尽力去做事本来是一种很好的美德，但是过于认真，心力交瘁，使精神得不到调剂就会丧失生活乐趣；把功名利禄都看得淡本是一种高尚的情操，但是过分清心寡欲而冷漠，对社会大众也就不会有什么贡献了。

阅典笔记

什么事情都讲究适度的原则。“富贵于我如浮云”,心境也就自然平静清凉,如此无忧无虑该是何等飘逸潇洒,不过什么事都不要走极端,假如以淡泊为名而忘记对社会的责任,忘记人间冷暖以致自我封闭,甚至演变为“不管他人瓦上霜”而自私自利,就会被人视为没有公德、没有责任感甚至有害于社会,这样就会被社会大众所唾弃。勤于事业、忙于职业是美德,是一种敬业精神,但如果陷于事务圈而不能自拔,如果因无谓的忙碌而心力交悴、失去自我是不足取的。因此儒家主张中庸之道,主张任何事物都要维持均衡状态。六祖惠能说禅时曾讲:“菩提本无树,明镜亦非台。本来无一物,何处惹尘埃。”可见人对于分内之事要全力以赴,但是对于与生俱来的本然之性也应该善加维持,太苦或太枯就失去了生活乐趣。要自然,保持自我才对。

求善篇

一

原典

人情反覆，世路崎岖。行不去处，须知退一步之法；行得去处，务加让三分之功。

译文

人世冷暖变化无常，人生道路崎岖不平。当你遇到困难走不通时，要明白退一步的方法；当你事业一帆风顺时，一定要有谦让三分的胸襟和美德。

阅典笔记

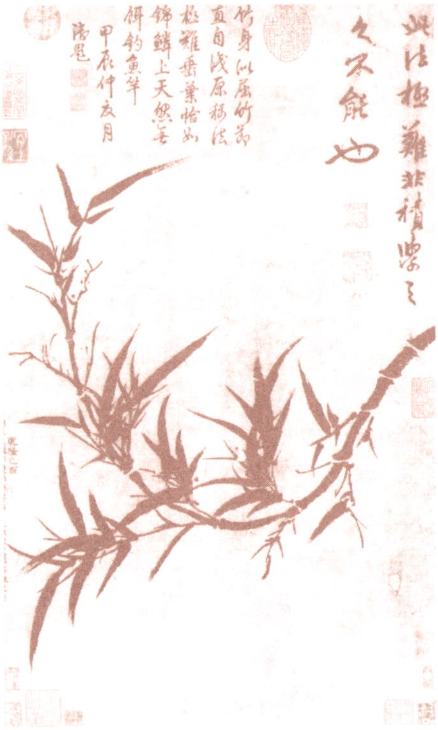

为人处世必须学会谦让，不能处处争强好胜，不能事事出头露尖，难行的地方退一步或许会海阔天空。人生得意的时候也应把功劳让与别人一些，不要居功自傲，不能得意忘形。何况人类的感情复杂无比，人心的变化也是层出不穷。今天认为是美的东西明天就有可能认为是丑的，今天认为是可爱的东西明天就有可能认为是可恨的。所谓“人情冷暖，世态炎凉”，也就是“人情反复，世路崎岖”的道理。换句话说，人生之路有高低，有曲折，有平坦，当你遇到挫折时必须鼓足勇气继续奋斗，当你事业飞黄腾达时，不要忘记救助那些穷苦的人，因为这样可以为你自己消除很多祸患于未然。这样，知退一步之法，明让三分之功，不仅是一种谦让美德，而且也是一种安身立命的方法。

二

原典

待小人不难于严，而难于不恶；待君子不难于恭，而难于有礼。

译文

对待品德不端的小人，抱以严厉的态度并不困难，困难的是在内心不憎恨他们；对待品德高尚的君子，做到尊敬并不困难，困难的是在于对他们真正有礼。

阅典笔记

小人总是有很多过失被人发现，因此一般人谁都会严词训勉他们，这做起来并不困难。困难的是在于对事不对人，也就是只就他们所做的错事来训诫他们，不要因为讨厌他们的人而训诫他们，把他们看死。人都是可以转化的，我们因为小人做事不好或品德上的不足而憎恨他们，不去教育，那么小人依然会是小人。所以作者才说“待小人不难于严，而难于不恶”。反之，对待君子，任何人都会敬重他们，可是如果太谦虚就会流于谄媚，使自己由于过分自卑而处于卑微地位，这就不是应有的礼貌，应使礼貌都能合乎节度，所以作者才说“待君子不难于恭，而难于有礼”。总之，憎恨小人，敬重君子，乃是人情之常。但不能因此而过度，因此而忘记人在人格上都是平等的。

三

原典

立身不高一步立，如尘里振衣，泥中濯足，如何超达？处世不退一步处，如飞蛾投烛，羝羊触藩，如何安乐？

译文

立身处世假如不能站得高看得远一些，就好像在飞尘里整理衣服，在泥水里洗濯双脚，又如何能超凡绝俗出人头地呢？处理事物假如不作留一些余地的打算，就好比飞蛾扑火，公羊去顶撞篱笆被卡住角，哪里能够使自己的身心摆脱困境而感到愉快呢？

阅典笔记

谦让品德的建立不是以无原则容忍退让为前提的，而是以立大志，高起点处世为前提的。一个人生活在世界上，本身立志要高，不可有一般无知无识之辈的俗见，也就是要认识真理，修身养性，否则就如同凡夫俗子一般，终生在尘埃泥淖中打滚，难以超凡绝俗，有所成就。尤其待人接物应以谦让为高，退一步，等于进两步。因此我们为达成目的，绝不可以盲目努力，一定要听其自然，谦虚谨慎。做事要看清客观环境。一味鲁莽，不知变化，不看全局，必然遭受他人的排斥而归于失败。

四

原典

处治世宜方，处乱世宜圆，处叔季之世当方圆并用；待善人宜宽，待恶人宜严，待庸众之人当宽严互存。

译文

生活在政治清明天下太平时，待人接物应严正刚直、爱憎分明；处在政治黑暗天下纷争的乱世，待人接物应圆润老练、随机应变；当国家行将衰亡的末世，待人接物就要刚直与圆润并用。对待善良的君子要宽厚，对待邪恶的小人要严厉，对待一般平民大众要宽严互用。

阅典笔记

这是古代知识分子待人处世的一种典型方式，这和他们的从政观有关。

太平盛世有明君贤相为政，能采纳善言、表彰善行，所实行的是大公无私的善政，所以一个人的言行即使刚直严正，也不会受到任何政治迫害。反之，假如是处于昏君奸臣当政的乱世，言行就必须尽量圆滑，否则就有招致杀身之祸的危险。从政如此，待人同样。这种待人处世的方式有一定的借鉴意义。一个人不能抱着满腔热情、怀着赤子之心却不顾实际环境，不看周围大众的水平而自顾自地施展抱负，在待人处事的方式上一成不变，否则只会撞一鼻子灰而于事无补。

五

原典

我有功于人不可念，而过则不可不念；人有恩于我不可忘，而怨则不可不忘。

译文

自己帮助或救助过别人的恩惠，不要常常挂在嘴上或记在心头，但是对不起别人的地方却不可不经常反省；别人曾经对我有过的恩惠不可以轻易忘怀，别人对不起我的地方不可不忘掉。

阅典笔记

一个有修养的人不同于一般人的地方，首先在于待人的恩怨观是以恕人克己为前提的。一般人总是容易记仇而不善于怀恩，因此有“忘恩负义”“恩将仇报”“过河拆桥”等等说法，古之君子却有“以德报怨”“涌泉相报”“一饭之恩终生不忘”的传统。为人不可斤斤计较，应少想别人的不足和别人待我的不是；别人于我有恩有劳则应记取于心。若人人都这样想，人际就和谐了，世界就太平了。用现在的话讲，多看别人的长处，多记别人的好处，矛盾就化解了。

六

原典

施恩者，内不见己，外不见人，则斗粟可当万钟之报；利物者，计己之施，责人之报，虽百镒难成一文之功。

译文

施恩惠给别人的人，不可老把恩惠记在心头，不应有让别人赞美的念头，这样即使是一斗米也可收到万钟的回报；用财物帮助别人的人，如果计较自己对人的施舍，而且要求人家的报答，这样即使是付出一百镒，也难收到一文钱的功效。

阅典笔记

人应有助人为乐的精神，助人并以之为乐就上升为一种高尚的道德情操。施恩惠于人而不求回报，“为善不欲人知”，是一种发自内心的真诚。所谓“有心为善虽善不赏，无心为恶虽恶不罚”，假如抱着沽名钓誉的心态来行善，即使已经行了善也不会得到任何果报；出于至诚的同情心付出得可能不多，受者却足可感到人间真情。所以，施之应无所求，有所求反而会没有功效。

七

原典

欹器以满覆，扑满以空全。故君子宁居无不居有，宁处缺不处完。

译文

欹器因为装满了水才倾覆，扑满由于腹中空无一物才得以保全。所以君子宁愿处于无争无为的地位，也不要站在有争有夺的场所；日常生活宁可感到欠缺一些，也不要过分完满。

阅典笔记

一个有追求的人，会觉得学问越做越深，真理之路越走越难，所以深信“满招损，谦受益”的道理。对这个道理，古今中外的认识似乎是共通的，如《圣经》中耶稣说“心里贫穷的人是幸福的”，意思就是忠告世人要经常虚怀若谷。一个人的内心如充满妄想和邪念，心理就会发生障碍而不接受他人的善言。一个人一旦处于骄狂心态之下，对事物的追求如有一堵墙挡住了他的视线，使他在自我封闭的圈子里自满，就容易招致他人的忌恨，四面楚歌，岂有不失败之理。

八

原典

为恶而畏人知，恶中尤有善路；为善而急人知，善处即是恶根。

译文

一个人做了坏事而怕别人知道，这种人还保留了一些羞耻之心，也就是在恶性之中还保留一点改过向善的良知；一个人做了一点善事就急着让人知道，证明他行善只是为了贪图虚名和赞誉，这种有目的才做善事的人，在他做善事时已经种下了恶根。

阅典笔记

道德修养是心灵的磨炼，而沽名钓誉之辈常以善举来装点自己的形象。

每个人都有良知，作恶而知可耻，唯恐被人知道，还有羞耻之心，就证明他还不为大恶。因为无耻之耻才是真正的耻辱，即所谓恬不知耻。孟子说：“羞恶之心人皆有之”。有这种羞恶之心乃是维持人性不堕落的基石。但是世俗的急功近利，往往为伪君子提供了生存的空间；人际的尔虞我诈则为作恶者铺就了繁衍的温床。一个正直的人在生活中必须以自己的正气来识别和战胜这些丑恶。

九

原典

福不可邀，养喜神以为召福之本而已；祸不可避，去杀机以为远祸之方而已。

译文

幸福不可强求，只要能经常保持愉快的心情，就算是追求人生幸福的基础；人间的灾祸难以避免，首先应当能消除怨恨他人的念头，才算是远离灾祸的良策。

阅典笔记

追求幸福算得上是社会发展的动力之一。对个人来讲，幸福固然不可强求，但是上天也不会无缘无故地把幸福赏赐给你。要想追求幸福还须靠自己奋斗。虽然每个人的幸福观念不一样，但追求的期望太高，失望就会更大。只有在奋斗时抱着只问耕耘不问收获的达观态度才能保持乐观。这样即使不是刻意追求幸福，幸福也会因你的努力而到来。世人对幸福总是争先恐后，一遇灾祸却都想逃避。可逃避不是解决问题的办法，只有心存忠厚，多反省自己，少怨恨别人，才可能远离灾祸。这样虽然不一定有福降临，但也绝不至于招来祸患。

十

原典

十语九中未必称奇，一语不中则愆尤骈集；十谋九成未必归功，一谋不成则訾议丛兴。君子所以宁默毋躁，宁拙毋巧。

译文

即使十句话能说对九句也未必有人称赞你，但是假如你说错了一句话就会接连受人指责；即使十次计谋你有九次成功也未必归功于你，可是其中只要有一次失败，埋怨和责难之声就会纷纷到来。所以君子宁肯保持沉默寡言的态度，绝不冲动急躁；做事宁可显得笨拙，绝对不能自作聪明显得高人一等。

阅典笔记

现实生活中，往往有一种奇怪的现象：干的不如不干的，说的不如不说的。因为你做了，你的不足就显出了；你说了，你的思想就暴露了；你做得多了业绩广了，你便成了矛头所指，因为你的成功妨碍了别人。而有些人专喜欢说别人的坏话。这种心态有幸灾乐祸、有好奇心也有权威感的成分，总觉得自己能传播一句揭发他人隐私的消息，足以显示自己是消息灵通人士，借以满足自己的权威欲望。所以俗语才有“好事不出门，坏事传千里”。好事所以出不了门，那是因为人们有嫉妒心，看到你有光彩的事就闭口不提，结果就使这件好事遭受尘封和冷冻，以致永远无法让世人知道。反之，一旦你做了一件坏事，在人们幸灾乐祸心理驱使下，立刻一传十十传百，很快就能让所有人知道。这里“谨言慎行”固然是明哲保身的一种方式，但也表明另一层意思，即遇事宜在深思熟虑后一语中的。

十一

原典

天地之气，暖则生，寒则杀。故性气清冷者，受享亦凉薄；唯和气热心之人，其福亦厚，其泽亦长。

译文

大自然四季运转，春夏和暖万物就获得生长，秋冬寒冷万物就丧失生机。做人的道理也和大自然一样，一个性情高傲冷漠的人，他所能得到的福分自然就淡薄；只有那些个性温和而又热情助人的人，他获得的福分不但丰厚，他的恩惠也会久长。

阅典笔记

一个人的性情是需要磨炼的，待人太热或太冷都不好。但在社会中，古道热肠毕竟让人愿意接受，和和气气更是持家立业之根本。一个性情过于冷酷的人就如寒冬一般，使万物丧失了生机，这种人遇事很难得到他人的协助。“敬人者人恒敬之，助人者人恒助之”。可见社会必须互助合作、互相尊重才能进步。从做事来讲，个人力量是有限的，“大家捧柴火焰高”，“合则两利，分则两害”，人们必须互助合作才有更大的力量。假如一个人整天板着冰冷的面孔自认清高，那谁愿意和他精诚合作创造事业呢？结果这种人只有在离群而居孤立无援的情况下度过寂寞的一生，人间的温暖也会由于冷漠而少有。

十二

原典

地之秽者多生物，水之清者常无鱼。故君子当存含垢纳污之量，不可持好洁独行之操。

译文

一块堆满了腐草和粪便的土地，才是能生长许多植物的好土壤；一条清澈见底的河流，常常不会有鱼虾来繁殖。所以君子应该有容诟纳俗的气度和宽恕他人的雅量，绝对不可因自命清高不跟任何人来往而陷于孤独。

阅典笔记

一个心地纯真、修养很高的人往往容易有缺乏容人雅量的不足，因为自己道德自律严，便由己及人，或者太孤芳自赏、自命清高而没有朋友，使自身陷入孤立无援状态，就谈不上事业有所成就。世间并无绝对的真理，而且正邪善恶交错，没有什么东西是绝对的、不相联系的。所以我们立身处世的基本态度是，必须有清浊并容的雅量。一个人要想创造一番事业，就必须有恢宏的气度，能容天下的人才能为天下人所容。所以凡是一个能创大事业的人，一定有容忍人的度量。容忍小人虽然在实际上很难做到，但为了事业上的成功，为了照顾大局，就必须有“厚德载物，雅量容人”的胸襟。应该说，谦让是美德，容人同样为美德。

十三

原典

闲中不放过，忙处有受用；静中不落空，动处有受用；暗中不欺隐，明处有受用。

译文

在闲暇的时候不要轻易放过宝贵的时光，要利用空闲做些事情，等到忙碌紧张时就会有受益不尽之感；在安闲的时候也不要忘记充实自己的精神生活，等到大批量的工作一旦到来就会有从中得利之感；当你一个人静静地在无人处，却能保持你光明磊落的胸怀，既不生邪念也不做坏事，那你在众人面前，在社会、在工作中就会受到人们的尊重。

阅典笔记

做事做人都不是一朝一夕就能功德圆满、功成名就的，平时不抓紧时间积累知识，平时不注意修身养性，指望临时受用不可能有长久的效果。古来名将驰骋千军万马之中而泰然自若，熟用兵法韬略运筹帷幄，虽说经常出入于九死一生之中却仍然能悠闲自得毫不仓皇，这就说明“闲中不放过，静中不落空”的功用，“临阵磨枪”，“临渴掘井”，是不能从容应敌的。一个人的修省也应如此，应时时处处保持一致。不要认为一个人在深夜独处没人知道而做些坏事，像鸡鸣狗盗之徒一样夜间蠢动，其实只能欺人于一时，却不能长久掩饰自己的劣行丑迹，一旦事情败露就将永远难以做人。所以一个君子必须注意平时的磨炼、积累，才会临事有一定之规，做事有一定见识。

十四

原典

平民肯种德施惠，便是无位的公相；士夫徒贪权市宠，竟成有爵的乞人。

译文

一个普通百姓只要肯多积功德，广施恩惠，就像是一位没有实际爵位的卿相受人景仰；反之，一个达官贵人如果只是一味贪图权势，争夺名利，虽有着公卿的爵位，却像一个讨饭的乞丐一样可悲。

阅典笔记

行善或作恶不在名位高低，在于人的品行，其区别只在于有爵之人影响比平民大些而已。假如一个人热衷于功名利禄，贪恋权位又没有品格，那他为了攀龙附凤获得权位就会阿谀谄媚，胡作非为，拉帮结派、招朋呼友、争权纳贿等无耻行径也会接踵而至。这种精神上、人格上的乞丐在现实生活中却很多，也很可憎。

十五

原典

君子而诈善，无异小人之肆恶；君子而改节，不及小人之自新。

译文

伪装善良的正人君子，和恣意作恶的小人没什么区别；君子如果改变自己的操守志向，还不如一个小人痛改前非重新做人。

阅典笔记

俗话说“明枪易躲，暗箭难防”。但生活中的暗箭却是防不胜防。许多道貌岸然的人貌似忠厚的君子，满口仁义道德，其实肚子里净是阴谋诡计、男盗女娼。有些自称“虔诚”信教的人，借宗教名义，施小仁小惠，既不知道《圣经》、耶稣，也不知道释迦牟尼。像这种伪君子假教徒，理应受到社会唾弃。但在现实生活中，这些披着道德外衣的人往往还能得逞于一时，欺世盗名。由于披上了一层伪装，识别起来更难。

十六

原典

淡泊之士，必为浓艳者所疑；检饬之人，多为放肆者所忌。君子处此，固不可少变其操履，亦不可太露其锋芒！

译文

志远而淡泊的人，一定会遭受热衷名利之流的怀疑；言慎而俭的真君子，往往会遭受那些邪恶放纵之辈的忌恨。所以君子如果处在这种既被猜疑而又遭忌恨的环境中，固然不可改变自己的操守和志向，也绝对不可锋芒尽出，过分表现自己的才华。

阅典笔记

俗话说“防人之心不可无”，又说“人怕出名猪怕壮”，说明了一个有修养的人往往善待人生，往往注重自我修省。以为修省并不干他人之事，却不想正是由于自己品德高尚衬出了小人的心性，而必然遇到忌恨和攻击。所以一个真才高德的人，处在这种招忌的恶劣环境中，最聪明的办法就是不要锋芒太露。可是很多人不明白这种道理，尤其是奋发向上的年轻人，往往会由于表现得太好，而遭受忌恨，被造谣中伤。所以一个有为的人其处世节操不可变，待人方法须讲究。

十七

原典

此心常看得圆满，天下自无缺陷之世界；此心常放得宽平，天下自无险侧之人情。

译文

如果自己的内心是圆满善良的，那么世界也会变得美好而没有缺陷；如果自己内心是宽大仁厚的，那么世界也会是一个没有阴险诡计的境地。

阅典笔记

不平则争，不满则怨。可对一个孩子来讲，世界总是那么美好，孩子的心里纯洁天真，不知道什么叫恨。只有人进入了社会，有了利益、地位、权势等等的计较，纯真的赤子之心才开始不平、不满，争竞之念才时时充溢，彻见心性何其难也。如果一个人的待人接物总是保持一颗赤子之心，那展现在眼前的便是一片平和美满的天地。

十八

原典

爽口之味皆烂肠腐骨之药，五分便无殃；快心之事悉败身丧德之媒，五分便无悔。

译文

可口的山珍海味，多吃便伤害肠胃，等于是毒药害人，控制住吃个半饱就不会伤害身体；称心如意的好事，其实是一些引诱人们走向身败名裂的媒介，所以凡事不可只求心满意足，保持在差强人意的限度上就不至懊悔。

阅典笔记

什么事都要适可而止，但人往往经不住诱惑。很多人一遇到香甜可口的美味，就不顾一切地拼命多吃，结果把肠胃吃坏，受病痛之苦。聪明人必须注重养身之道，营养不良固然不行，吃得太多也绝非好事。欲罢不能说明不懂养生之道。养生如此，做人同样如此，所谓“病从口入，祸从口出”，一些看起来令人得意洋洋的事，或许正酝酿着走向失败的因素，人在春风得意时一定要保持清醒才是。

十九

原典

曲意而使人喜，不若直躬而使人忌；不善而致人誉，不若无恶而致人毁。

译文

一个人与其委屈自己的意愿去博取他人的欢心，实在不如以刚正不阿的言行而遭受小人的忌恨，使人们能赞同其品行；一个人没有善行而接受他人的赞美，还不如没有恶行劣迹却遭受小人的诽谤。

阅典笔记

每个人待人做人的方式是不一样的，有的人喜欢曲意迎合，不明确表达意愿，有的人喜欢直言不讳，光明磊落。对小人来讲，听到刚正不阿的言语当然忌恨;而曲意者，要么是图人喜欢，要么有所乞求。人人都爱听好听的话，小人和当权者尤其如此，而正直的人则很看不惯那种阿谀相。一个根本没有恶行的人遭受诽谤，这种诽谤虽然都是出于无知者的攻击，却能博得有识之士的同情。因为一些自己不求上进而自甘堕落的人，在心理上很不平衡，他们看到正直善良的人就不顺眼，于是就造谣生事进行诋毁，妄想使自己不平衡的心理能得到某种补偿，这种人可悲而又可恨。

二十

原典

千金难结一时之欢，一饭竟致终身之感。盖爱重反为仇，薄极反成喜也。

译文

价值千金的重赏或恩惠，有时难以换得一时的欢娱；一顿粗茶淡饭的小小帮助，可能使人一生不忘此事，永远心存感激、回报之心。也就是当爱一个人爱到极点时，很可能会翻脸成仇；对平常不重视的一些人给予一点惠助，他们就可能转而对你表示好感。

阅典笔记

人的感情不是用钱可以买到的，助人要在人最需要的时候伸出援手。如韩信“一饭之恩终生不忘”，而且帮刘邦打下天下后，也始终记住刘邦过去的恩德而不背叛。在我们的生活中，爱恨之事也是常有的。有句俗话叫“身在福中不知福”，往往被爱包围着的人却不自知，而一点不如意便会反目成仇的例子却很多，爱与恨的反反复复交织在人生的全过程。

二十一

原典

藏巧于拙，用晦而明，寓清于浊，以屈为伸，真涉世之一壶，藏身之三窟也。

译文

做人要把智巧隐藏在笨拙中，不可显得太聪明，收敛锋芒才是明智之举，宁可随和一点也不可太自命清高，要学以退缩求前进的方法。这才是立身处世最有用的救命法宝，明哲保身最有用的狡兔三窟。

阅典笔记

说一个人不要锋芒太露，不是教人伪装自己，而是办事要分清主次，讲究方法。常言道“大智若愚”，是说一个人平时不咄咄逼人，到紧要关头自然会发生功效，这就是“中流失船，一壶千金”的含义吧。一个人一生要做的事很多，不可能件件都要劳心伤神，只有碌碌无为的人才会整天被琐事缠身，在世俗面前夸耀自己的才华。一个人要想拥有足以藏身的三窟以求平安，第一要藏巧于拙，锋芒不露，第二还要有韬光养晦、不使人知道自己才华的修养功夫，而且办什么事都应当留有余地才是。最关键的是在污浊的环境中保持自身的纯洁。不露锋芒、韬光养晦并不影响洁身自好，相反，洁身自好是前二者的基础。

二十二

原典

人之短处，要曲为弥缝，如暴而扬之，是以短攻短；人有顽固，要善为化诲，如忿而疾之，是以顽济顽。

译文

别人有缺点过失，要婉转地为他掩饰或规劝他，假如去揭发传播，是在证明自己的无知和缺德，是用自己的短处来攻击别人的短处；发现某人个性比较愚蠢固执时，就要很有耐心地诱导启发，假如生气厌恶，不仅无法改变他的固执，同时也证明了自己的愚蠢固执，就像是用愚蠢救助愚蠢。

阅典笔记

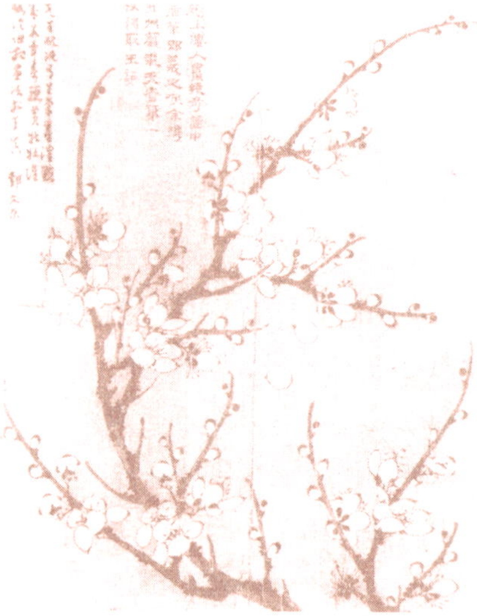

人进入社会以后，最烦恼的莫过于被闲言碎语、是是非非所缠绕。常言道："来说是非者，便是是非人。"长舌妇搬弄是非、挑拨离间很让人讨厌。但关键还在于自己的修养，自己对是非抱什么态度，是不是自己也被卷了进去还不自觉呢？万一有人向我们打听某人的作为，我们应本着"隐恶扬善"的态度相告。因为一个喜欢揭发人家短处的人，就证明他自己的为人一定也有问题，所以在旁人看来也只不过是"以五十步笑百步"而已。况且"己所不欲，勿施于人"，既然不喜欢人家说你的坏话，那你又为什么要在他人面前搬弄别人的是非呢？每个人都有自己的一些习惯，有些习惯不一定为别人所接受。一个善于处世的人，应该本着尊重别人个性习惯的原则去适应化解，而不是讨厌；不能接受别人的人说明自己也有许多不好的习惯，应学会由人及己的方法。

二十三

原典

遇沉沉不语之士，且莫输心；见悻悻自好之人，应须防口。

译文

假如你遇到一个表情阴沉、默默寡言的人，千万不要一下就推心置腹表示真情；假如你遇到一个自以为了不起又固执己见的人，你就要小心谨慎，尽量少说话。

阅典笔记

人的表情往往是内心世界的反映，每个人有每个人的习惯、个性，表现出来的方式也不一样。一个人生存在社会上，必须处处多加提防，把各种表情、习惯分分类，以在接人待物时有把合适的尺子。不然一旦遇到心地险恶的歹徒，就会深受其害，所以观察人是非常重要的。一般来说，一个年纪比较大的人，见多识广，饱经风霜，对于观人之行都有几分心得。由于人际的复杂，人在处世时，学学观人本领是很必要的。俗话说："逢人只说三分话，莫要全抛一片心。"不经过一段时间的观察，是看不出一个人品性好坏的，也就很难决定交往的程度、说话的深浅。没有心理评判，只凭观察是不够的。

二十四

原典

害人之心不可有，防人之心不可无，此戒疏于虑也；宁受人之欺，毋逆人之诈，此警伤于察也。二语并存精明而浑厚矣。

译文

"害人之心不可有，防人之心不可无"，这是用来劝诫在与人交往时警觉性不够、思考不细的人的；宁可忍受他人的欺骗，却不事先拆穿人家的骗局，这是用来劝诫那些警觉性过高、想得太细的人的。一个人在和人相处时能把上面两句话并存警诫，才算是掌握了警觉性高又不失纯朴宽厚的为人之道。

阅典笔记

古人总结人生体验有很多耐人寻味的话，如“害人之心不可有，防人之心不可无”这句话的出处《增广贤文》堪称大全了。作者在这里提出了不同看法。人之所以不能有害人之心，是因为你害人人也会害你，“以其人之道，还治其人之身”。还有一种人由于心地非常坦荡，总觉得自己所言所行没有什么不可告人的，于是，不分轻重，不看对象，结果为此反而授人以把柄，这种人就犯了太相信人的错误。但防人是有前提的，对坏人、小人、俗人，非防不可。如果人人防，事事防，人便成为“套中人”了。同样，忍让也是有前提的忍让，小事忍，自己利益忍，绝非事事处处忍。防之太甚不好，没有人生经验同样不适应社会。

二十五

原典

善人未能急亲，不宜预扬，恐来谗谮之奸；恶人未能轻去，不宜先发，恐遭媒蘖之祸。

译文

要想结交一个有修养的人，不必急着跟他亲近，也不必事先来宣扬他，避免引起坏人的嫉妒而在背后诬蔑诽谤；假如一个心地险恶的坏人不易摆脱，绝对不可以草率行事，随便把他打发走，尤其不可以打草惊蛇，以免遭受报复、陷害等灾祸。

阅典笔记

君子之交是道义之交，“君子之交淡如水”，是靠爱好、情趣、学识为纽带来建立感情的过程，是个渐进的相互观察了解的过程。和善人交、与君子游是人所愿也。但道不同不相为谋，小人与善人，奸猾之辈与君子，各个方面都格格不入。显出想与君子善人急于交往而过分亲密，小人很可能因为被冷落而忌恨，生出破坏的念头。与君子交，做君子难，远小人不易。人们讨厌小人，但小人由于擅长逢迎，往往可以得到有权势者的赏识而很有市场。如果当权者是奸邪之辈，得罪了就更加困难，想送“瘟神”非得等待时机。如果你是个企业家，手下有小人之辈要解雇，同样要周详考虑其生存的市场，要一举中的才不会有后遗症。不论是亲贤亲善还是远小远奸，首先是自己须光明磊落，大公无私，这样才不惧奸诈小人的恶意报复。这是交友、做事的基础。

二十六

原典

有妍必有丑为之对，我不夸妍，谁能丑我？有洁必有污为之仇，我不好洁，谁能污我？

译文

事物有美好就有丑陋来对比，假如我不自夸美好，又有谁会讽刺我丑陋呢？世上的东西有洁净就有肮脏，假如我不自好洁净，有谁能脏污我呢？

阅典笔记

事物是相对的，从发展变化的观点看，相对的事物在一定条件下可以发生转化。美与丑、洁与污以及善恶、邪正、阴阳、长短等等都是相互转化并相互制约的，有善就有恶，有美就有丑。假如没有恶与丑可能就没有善与美，因为美丑、善恶是相比较衬托才看出来的。要明白这样一种现象的内在变化条件，那么人对一些事物的看法就要用超然的态度，把事物看成一个相联系的整体而不要就事论事，对任何事情采取一种极端看法的做法都是有害的。要在精神上能超越美丑、洁污，对此无所偏好，人们也就难以有所毁誉。人固然会有许多癖好，一个有修养的人必须自省其所好的道德水准，看看和志向一致否。

二十七

原典

炎凉之态，富贵更甚于贫贱；妒忌之心，骨肉尤狠于外人。此处若不当以冷肠，御以平气，鲜不日坐烦恼障中矣。

译文

世态炎凉、人情冷暖的变化，在富贵之家比贫穷人家显得更鲜明；嫉恨、猜忌的心理，骨肉至亲比陌生人显得更厉害。一个人处在这种情况下，假如不能用冷静的态度来应付这种人情上的变化，用理智来压抑自己不平的情绪，那就很少有人不陷于如日坐愁城中的烦恼状态了。

阅典笔记

人在没有得到一种东西以前便会以这种东西作为奋斗目标，而有了这种东西便有了利益之争。“共患难易，共富贵难”，富贵之家往往为了争权夺利而父子交兵或兄弟阋墙。汉武帝、武则天、唐太宗等等无不为了权力而曾骨肉相残，二十四史中这样的事例随处可见。残暴的隋炀帝，已经被册立为太子，可是为了早日当皇帝竟谋杀亲父隋文帝而即位。人往往是有了钱还要更多些，有了权还要更大些，以致生活中终日钻营、处处投机的小人像苍蝇一样四处飞舞，个人的私欲总处于成比例的膨胀状态。如此现实，的确需要人们提高修养水平，用理智来战胜私欲物欲，否则亲情难在，富贵不保。

二十八

原典

恶忌阴，善忌阳。故恶之显者祸浅，而隐者祸深；善之显者功小，而隐者功大。

译文

一个人做了坏事，最使人担心的是不容易被人发觉；做了好事最不宜的是自己宣扬出去。所以坏事如果能及早被发现，那灾祸就会相对小些；如果不容易被人发现，那灾祸就会更大。如果一个人做了好事而自己宣扬出去，那功劳就会变小；只有在暗中默默行善才会功德圆满。

阅典笔记

人不能做坏事，做坏事而损人利己，会让人憎恶，有的事不论对他人或自己都会造成极大灾祸。一般来讲，做在明处的坏事，人们看得见，或许还可以预防弥补；做在暗处的坏事更讨厌，让人防不胜防，这种阴坏的危害更大。一个人从哪个方面讲都不应做坏事，而是应该抱着为善不求名的态度。行一点善而做好事不是为了宣扬吹捧，至于别人宣扬是为了推广这种精神，自己宣扬则失去了做好事的目的。这种好事在客观上是有益的，在主观上过分宣扬则表明是动机不纯；从做人角度看，等于伤害了受惠者自尊心，反而表现出一种沽名钓誉的卑鄙心理。帮助别人应是全身心投入，默默地奉献。

二十九

原典

饥则附，饱则扬；燠则趋，寒则弃：人情通患也。

译文

穷困饥饿时就投靠人家，吃饱了就远走高飞；对富贵了的就巴结，对贫困了的就鄙弃。这是人际交往中普遍存在的毛病。

阅典笔记

从古而今，嫌贫爱富、附势趋炎皆人之常情、世之通病，以致在《史记》中有“一贫一富乃知交态，一贵一贱交情乃见”的感慨，俗谚有“贫居闹市无人问，富在深山有远亲”的叹息。但这并不说明人们对此的认可。这一现实和人们的交往需要、感情交流是相悖的，因为在金钱驱动下的人际关系是难有真情流露的。人们在无奈中盼望一种真诚，首先要求君子能甘于淡泊，以使社会不全处在一片感情的沙漠中。从另一个角度看，在社会上择人交友是必须的，古语“君子之交淡如水”，正和上述语录相对应，而成为人际交往的警语。

三十

原典

君子宜净拭冷眼，慎勿轻动刚肠。

译文

君子不论遇到什么情况，都应注意保持冷静态度细心观察，切忌随便表现自己耿直的性格以免坏事。

阅典笔记

正派人一般都待人热诚，所谓古道热肠；遇事正直，所谓胸怀坦荡。但为人处世要讲究方法。待人热诚当然是对的，但热情过度，往往造成主观愿望与客观效果相悖。因为太热情往往就过于主观，为此可能招致人家怨尤；因一时的热情而轻举妄动，或许还会铸成大错。遇事坦诚直率当然没错，但要看对象能否接受，不能因为自己直率是优点伤了人就可以求得别人的谅解。有时直率的出发点是好的，办事的设想也是可行的，但很可能由于性格不合而难以成事。坦诚直率往往伴随着教化、固执、生硬。而遇事热情坦率的目的是为了解决问题把事办好，绝不只为表现一下这种态度。

三十一

原典

有一念犯鬼神之禁，一言而伤天地之和，一事而酿子孙之祸者，最宜切戒。

译文

假如有一种念头触犯了鬼神的禁忌，有一句话破坏了人间祥和之气，或者做了一件事成为后代子孙的祸根，所有这些行为都必须特别加以警惕。

阅典笔记

立身处世要小心谨慎，每做一事都要为自己着想，要为别人着想，既要看眼前，也要为子孙后代考虑，多为自己的儿孙积阴德。否则，如果为达目的不择手段，只图自己一时之欢，做伤天害理的事，赚不仁不义的钱，就等于给子孙酿祸，给自己的前程伏下败笔，到那时真是悔不当初、噬脐莫及了。古兵法中也有所谓“一言不慎身败名裂，一语不慎全军覆没”的箴言。人做事不可以胡作非为引来祸患，宜谨言慎行明辨善恶。尤其是新出世的年轻人，不要以为“嘴上没毛办事不牢”就可以原谅自己，不要觉得“初生牛犊不怕虎”，做事眼高手低，盛气凌人。有时过失成祸并非闯祸人的本意，而是由于经验不足，言行不慎，诚为可惜。

三十二

原典

念头宽厚的，如春风煦育，万物遭之而生；念头忌刻的，如朔雪阴凝，万物遭之而死。

译文

一个胸怀宽广、为人忠厚的人，好比温暖的春风可以化育万物，能给一切具有生命的东西带来生机；一个胸襟狭隘、为人刻薄的人，好比阴冷凝固的白雪，能给一切具有生命的东西带来杀气。

阅典笔记

“良言一句三冬暖，恶语伤人六月寒”，不仅话如此，为人处世的胸怀、性格也应这样。温暖的春风人人欢迎，寒冷的冰雪人人讨厌。一个心胸狭隘尖酸刻薄的人，任何人都不愿意接近他；反之，一个气度恢宏、待人宽厚的人，任何人见了都愿意接近他。尤其在言谈方面更是如此，刻薄成性的人，有时一句话都让你痛苦终生。待人宽厚首先要能容得了事，这不是无原则，而是一种适应社会的表现。一个胸襟狭隘、斤斤计较的人是不可能品味其中乐趣的，反之，这也表现了这种人的不成熟和人生历练的缺乏。

三十三

原 典

遇故旧之交，意气要愈新；处隐微之事，心迹宜愈显；待衰朽之人，恩礼当愈隆。

译 文

遇到多年不见的朋友，情意要真诚，气氛要热烈；处理某种隐秘事时，居心要坦诚，态度要开朗；服侍身体衰弱的老人，举止要殷勤，礼节要周到。

阅典笔记

一个人在社会上不懂尊老、不知道怎么待友是没有教养、没有知识的表现。人不要太势利，所谓人走茶凉，尤其是对失了势没有实用价值的老友更应注意，要光明磊落才对。同样，做事不能因为处于无人知晓的地方，就有营私舞弊的念头出现，在黑暗处要比在光明处更加磊落，才能显示出不平凡的人格。一个人在待人和处事上可以充分表现出修养的高低。要立身于世，这是起码的知识。

三十四

原典

勤者敏于德义，而世人借勤以济其贫；俭者淡于货利，而世人假俭以饰其吝。君子持身之符，反为小人营私之具矣。惜哉！

译文

勤奋的人应该努力地在品德和义理上下功夫，可是有的人却倚仗勤奋来解决自己的贫困；俭朴的人应该把财货和利益看得淡泊，可是有的人却假借俭朴为名来掩饰自己的吝啬。勤奋和俭朴本来是有德君子立身处世的信条，不料反倒成为市井小人营利徇私的工具，真令人感到惋惜。

阅典笔记

凡是拉大旗作虎皮的人，往往是为了欺瞒、蒙骗、吓唬善良的人。君子守身的法则，往往成为小人图利的工具。世事大抵如此。“干将”“莫邪”雌雄宝剑，在名将手中就会成为保国为民的利器，反之如果落在坏人手中就会变成杀人的凶器。又如核能，落到人道主义者手中就会用于和平之途，用它来发电发热为人类谋福；落到侵略主义者手中，就会变成杀人的武器，给人类造成莫大的悲剧。可见，不管什么东西产生的客观效果首先要由运用者来决定，运用者的内在素质低，思想境界差，再好的东西都会成为营私逐利的工具。

三十五

原典

人之过误宜恕，而在己则不可恕；己之困辱宜忍，而在人则不可忍。

译文

别人的过失和错误应该多加宽恕，可是自己有过失和错误却不可宽恕；自己受到屈辱应该尽量忍受，可是别人受到屈辱就要设法替他消解。

阅典笔记

恕以待人，忍以制怒；待人要宽，律己要严。这是一种规范的待人之道。这种方式的核心是强调自悟。待人所以必须要宽的原因，为的是给人自新的机会。待己所以要严，因为不严会使自己一错再错。一般人都是“以圣人望人，以常人自待”，这种人在任何事情上都无法跟别人合作。假如我们能以责人之心责己，就会减少自己很多过失；以恕己之心恕人，就可以维护住人际之间的良好关系。己所不欲勿施于人，这种推己及人的恕道，是一个人修养品德的根本要诀，遇事应该设身处地为别人着想。这里讲恕人、忍让，是对个人的修德养性而言，因为恕忍不是无原则，过分强调良好的人际关系来提高个人的修养就容易走向事物的反面。

三十六

原典

“为鼠常留饭，怜蛾不点灯”，古人此等念头，是吾人一点生生之机。无此，便所谓土木形骸而已。

译文

为了不让老鼠饿死，经常留一点剩饭给它们吃；可怜飞蛾被烧死，夜里只好不点灯火。古人这种慈悲心肠，就是我们人类繁衍不息的生机。假如人

类没有这一点点相生不绝的生机，那人就变成一具没有灵魂的躯壳，如此也不过和泥土、树木相同罢了。

阅典笔记

古人所说“为鼠常留饭”也未必真的是让人给老鼠留饭，而是劝人为人处世要有同情弱者的胸怀。佛教的中心思想之一就是主张不杀生（戒杀），因此先贤才有“为鼠常留饭，怜蛾不点灯”的名谚。这和现代人倡导保护野生动物运动有点相似，但现代人则是基于维护人类良好的生存环境。人性有恶善，待人也应以慈悲为怀，不能以算计人为出发点。正因为慈悲心肠的人多了，人世间便自有一片温情。

三十七

原典

遇欺诈之人，以诚心感动之；遇暴戾之人，以和气薰蒸之；遇倾邪私曲之人，以名义气节激励之。天下无不入我陶冶中矣。

译文

遇到狡猾诈欺的人，要用赤诚之心来感动他；遇到性情狂暴乖戾的人，要用温和态度来感化他；遇到行为不正、自私自利的人，要用大义气节来激励他。假如能做到这几点，那天下的人都会受到我的美德感化了。

阅典笔记

世上的人千人千面，千变万化，每个人都面临适应人生、适应社会的问题。所谓以不变应万变，就是面对大千世界，抱定以诚待人、以德服人的态度来适应人们个性的不同。就是对冥顽不化的人，也要以诚相待使他受到感化，所谓“精诚所至，金石为开”。以我之德化，来启人之良知，历史上这样的例子很多。即使是真顽之人“朝闻道”而“夕死”的事也不少，这也算是临终而悟，达到了德化的目的。何况对于一般人，坚持我之美德与之相处，终可德化落后之人。

三十八

原典

阴谋怪习，异行奇能，俱是涉世做祸胎。只一个庸德庸行，便可以完混沌而招和平。

译文

阴谋诡计，怪异的言行、奇怪的技能，都是招致灾乱的根源。只有那种平凡的德行和寻常的言行，才可以保持自然，带来和平。

阅典笔记

人类是在探求未知中向前发展的，所谓学问需要求疑，科技需要假设，社会的发展需要人们敢于创见。现在世界各国竞相发展科技，莫不以繁荣经济为基础，求新求变求奇，“异行奇能”就是发明新科技的原动力。现代科技的发展日新月异，许多奇异设想不断变成现实。尽管现代文明中有许多意想不到的问题难以解决，但再回到农业社会时代“狗吠深巷中，鸡鸣桑树颠”那种原始的和平安定幸福中去，满足人们一种理想的憧憬与美化的回忆是不可能的。只是在现实生活中，那种无谓的奇谈怪论、阴谋怪习是不足取的、惹人讨厌的，不如保持一种常人的心态，安然地生活。

三十九

原典

休与小人仇雠，小人自有对头；休向君子谄媚，君子原无私惠。

译文

不要跟品德恶劣、低下的小人结仇，因为小人自然有人和他为敌；不要向品德高尚、磊落的君子献殷勤，因为君子不会为了私情给人私下恩惠。

阅典笔记

人与人之间往往“恶人自有恶人磨”，也就是小人自然有人来降制他。和小人寻仇不一定是小人，但小人去寻仇手段更为恶毒。君子所以不跟小人结仇，固然可以避其险恶之毒，更由于不屑寻仇，无暇为仇。不仅如此，君子以其心怀坦荡、正直无私而不屑于是非，讨厌阿谀。所谓“来说是非者，便是是非人”，而阿谀奉迎者必有私心私利，很可能因其私而害人，这是君子所不容的，更勿谈同流了。

四十

原典

磨砺当如百炼之金，急就者非邃养；施为宜似千钧之弩，轻发者无宏功。

译文

磨砺身心要像炼钢一般反复陶冶，急着希望成功的人就不会有高深修养；做事应像拉开千钧的大弓一般，假如随便发射就不会收到好的效果。

阅典笔记

人们一般都明白“只要工夫深，铁杵磨成针”这个道理。人生经历，求知问道，身心修养等，须经百炼才能成钢，勤苦方能见效。凡是走小路、抄捷径、投机取巧的，只能收一时之效，绝不能成大功立大业，吃亏的只是自己。而且害怕艰苦、浅尝辄止的人，终不能为以后的人生之路打下厚实的基础。孔子说：“无欲速，无见小利，欲速则不达，见小利则大事不成。”不论做人还是做事，都要有这种厚实的历练做基础。这样，遇事待人，言语行动才不会轻浮，进而做到“矢不轻发”。

完我篇

一

原典

宁为小人所忌毁，毋为小人所媚悦；宁为君子所责备，毋为君子所包容。

译文

做人做事宁可被小人猜忌毁谤，也不要被小人的甜言蜜语迷惑；做人做事宁可被君子责难训斥，也不要被宽宏雅量所包容。

阅典笔记

以甜言蜜语对你的人往往有所求，来扯是非的人都有是非心，只有诚心交流情感，直率说出你不足的才是正人君子。“良药苦口利于病，忠言逆耳利于行”，关于“宁为小人所毁”，《论语·子路》篇中说：“子贡问曰：‘乡人皆好，何如？’子曰：‘未可也。’‘乡人皆恶，之何如？’子曰：‘未可也。不如乡人之善者好之，其不善者恶之。’”人的是非标准、善恶观念是需要锤炼的。自己心中无标准，做人就不会有原则；没有原则，就喜欢关心别人对自己的评论；关心别人说自己些什么，有时还为此忧心忡忡，何苦来哉？

二

原典

好利者逸出于道义之外，其害显而浅；好名者窜入于道义之中。其害隐而深。

译文

一个好利的人，他的所作所为不择手段，越出道义范围之外，逐利的祸害很明显，容易使人防范；一个好名的人，经常混迹仁义道德中沽名钓誉，他所做的坏事人们不易发觉，结果所造成的后患都非常深远。

阅典笔记

坏人坏事人人痛恨，因为坏人坏事显而易见，明显地违背公德，害人祸世。可怕的是欺名盗世之辈、沽名钓誉之流。尤其是那些身居要职的人，其实不是德才兼备，却是用名来装点自己，作为捞取政治资本的手段，那么这类人就可能在表面上大言不惭，骨子里却只为私利，一肚子男盗女娼，还可能利用手中权力祸害民众，贪污腐化。“好名者害隐而深”，这类人算是一种典型。

三

原典

受人之恩虽深不报，怨则浅亦报之；闻人之恶虽隐不疑，善则显亦疑之。此刻之极，薄之尤也，宜切戒之。

译文

受人的恩惠虽然很多很大也不设法报答，但是一旦有一点点怨恨就千方百计报复；听到人家的坏事即使很隐约也深信不疑，而对于人家的好事再显见也不肯相信。这种人可以说刻薄冷酷到了极点，做人应该严加戒绝做这种人。

阅典笔记

传统文化中历来有“隐恶而扬善”的美德。《论语》中说：“或曰：‘以德报怨，何如？’子曰：‘何以报德？以直报怨，以德报德。’”做人要恩怨分明，更应有这样一个思想境界。达到这样一个境界，如果没有长久的磨炼、宽厚的胸怀、良好的道德基础是不行的。在生活中，很多人好打听别人的隐事、坏事，所谓“好事不出门，恶事传千里”。有的人是出于一种好奇、显能的恶习，有的人却是出于一种记恶心态，出于秋后算账的要求；有的人不仅知恩不能涌泉相报，反而会反目成仇。如此种种人的行为，使人际间的关系有时竟如刀枪相见，远谈不上“和谐”二字了。所以隐恶扬善不仅是一种品德修养，一种交际方式，也是人际和谐的一个前提。

四

原典

谗夫毁士，如寸云蔽日，不久自明；媚子阿人，似隙风侵肌，不觉其损。

译文

小人用恶言毁谤或诬蔑他人，就像点点浮云遮住了太阳一般，只要风吹云散，太阳自然重现光明；甜言蜜语、阿谀奉承的小人，就像从门缝中吹进的邪风侵害肌肤，使人们在不知不觉中受到伤害。

阅典笔记

用奉承的手段迎合别人的意图，靠阿谀逢迎飘飘然的人却是大有人在。

五

原典

建功立业者，多虚圆之士；偾事失机者，必执拗之人。

译文

能够建大功立大业的人，大多都是能灵活应变的人；凡是惹是生非、遇事坐失良机的人，必然是那些性格倔强、不肯接受他人意见的人。

阅典笔记

能建立丰功伟业的人，大都是在待人用人方面非常成功、有自己见解的人。否则个人的力量能多大？没有人们的支持拥护，大业何来？做人不宜太圆滑，就是说做人不一定要像狐狸一样，因圆滑过度则为奸。适度的圆滑则表现为谦让宽容，有何不可？处处以我之见为见，大小事一概显能妒能，何以成事呢？至于那些愤事失机的人往往刚愎自用，听不得别人意见，事事以为自己正确，所谓："祸福无门，唯人自召。"很多事不要怨天尤人，要从自己的处世方法上找原因。成事要有机遇，机遇对人是公平的，谁发现得早，谁就会抓得牢，就像坐车一样。固执己见的人往往被自己的执拗、自己心中固有的定势所迷惑，而看不到外面的变化来调整自己。

六

原典

处世不宜与俗同，亦不宜与俗异；作事不宜令人厌，亦不宜令人喜。

译文

处世既不能流于庸俗以致与坏事同流合污，也不要标新立异故意与众不同；行事既不可以处处惹人讨厌，也不能凡事都讨人欢喜，博取欢心。

阅典笔记

把握处世行事的尺度是很难的，因为这既需要良好的道德水准，还要有丰富的人生历练作基础。不同流合污，不阿谀奉承是对的，但还要尽量避免小人的打击排挤；至于标新立异、故作清高至人见而讨厌，令常人觉得是怪物，也不足取。君子不惧小人恶，但也应当保持自己的人格而不哗众取宠、装点门面。如果君子处世持美德，行事却令人厌弃，岂不有失本意？什么事走向极端就是走到反面。不即不离就像是浪和水的关系，同是一个性质，但表现形态不同，在相容的情况下相处，保持各自的样子。

七

原典

俭，美德也，过则为悭吝，为鄙啬，反伤雅道；让，懿行也，过则为足恭，为曲谨，多出机心。

译文

节俭朴素本来是一种美德，然而过分节俭，就是小气，就会变成为富不仁的守财奴，如此反而有伤正道。谦让本来也是一种美德，可是太过分，就会变成卑躬屈膝处处讨好人，而给人一种好用心机的感觉。

阅典笔记

节俭固然是美德，过分节俭就变成吝啬；谦让固然是美德，过分谦让就变成谄媚。儒家主张中庸之道，道理就在这里。为人要有品行节操才能立足，如果节俭到吝，谦让至伪，那么节俭的目的何在，谦让的初衷为何？这实际上是一种小人、俗人的表现。

八

原典

毋忧拂意，毋喜快心，毋恃久安，毋惮初难。

译文

不要为事不如意发愁，不要为称心的事而兴奋，不要由于长久的安居而以此为依赖，不要由于一件事一开始有困难就畏缩不前。

阅典笔记

世事无常，但不断变化、不断发展却是一个普遍现象。称心如意、生活安定当然是可喜悦、可羡慕的，但事物总处于变化中，快心和安居是相对的、一时的。反过来，不要生无谓的忧愁、烦恼，因为失意正是得意的基础；也不要为一时的幸福而得意，因为得意正是失意的根源。在佛家来说，人生原无得意与失意之分，只是人观念上的感觉而已。就现实而言，世间一切事物总处于变化之中，在一定条件下可以转化。在人生道路上，只有像蜗牛爬山一般步步辛苦前进，不惧困难，不怕艰险，才能有所收获。

九

原典

仁人心地宽舒，便福厚而庆长，事事成个宽舒气象；鄙夫念头迫促，便禄薄而泽短，事事得个迫促规模。

译文

心地仁慈博爱的人，由于胸怀宽广舒坦，就能享受厚福而且长久，于是形成事事都有宽宏气度的样子；反之，心胸狭窄的人，由于眼光短浅，思维狭隘，所得到的利禄是短暂的，落得只顾到眼前而临事紧迫的局面。

阅典笔记

庸人想事少，傻人不想事，所以俗语有“庸人厚福”和“傻人有傻福”的说法。念头少，伪装少，争得就少，心情舒畅，平日就少有忧虑、烦恼。做人毋庸也不能傻，但不能像有些人聪明过了头，用尽心机，烦恼接踵。而那些污秽贪婪的小人，心地狡诈、行为奸伪，凡事只讲利害不顾道义，只图成功不思后果，这种人的行为更不足取。仁人待人之所以宽厚在于诚善，在于忘我，所以私欲少而烦恼少。我们生活中的待人之道确应有些肚量，少为私心杂念打主意，不强求硬取不属于我的东西，烦恼何来？“牢骚太盛防肠断”，做人要充分修行自己才是。

十

原典

风斜雨急处，要立得脚定；花浓柳艳处，要著得眼高；路危径险处，要回得头早。

译文

在风斜雨急的变化中，要把握住自己的脚步，站稳立场；处身于艳丽姿色中，必须把眼光放得辽阔而把持住自己的情感，不致迷惑；路径危险的时候，要能收步猛回头，以免不能自拔。

阅典笔记

所谓风斜雨急、花浓柳艳、路危径险者是比喻，比喻人生之路会有各种艰难险阻出现。孔子说："危邦不入，乱邦不居；天下有道则见，无道则隐；邦有道贫且贱焉耻也，邦无道富且贵焉耻也。"其实即使是古代，邦有道，要富且贵就没有险隘，就能唾手可得吗？不论是有道还是无道之世，都应有操守，有追求，不怕难，不沉沦，不自颓，把得住自己的心性，遇事就不致沉陷于迷惑中。

十一

原典

节义之人济以和衷，才不启忿争之路；功名之士承以谦德，方不开嫉妒之门。

译文

一个崇尚节义的人，对世事的看法容易偏激，要增添些相互理解的温和想法加以调节，才不会走上跟人发生意气之争的路子；一个功名事业有所成就的人，要有谦恭的美德，才不会闯开嫉妒的大门。

阅典笔记

做人不可恃一己之长以待人待物，不能因一方面的优点就忽视随之而来的另一方面的不足。节义之士性格刚强，看问题就可能偏激。就刚强言是长处，就激烈言是短处。为了取长补短，平日要养成温和的处世态度，注意缓和激烈的个性，与世无争才能与人维持良好的关系。有身份、地位的人做人更应注意树大招风、功大招忌的道理，保持一种谦恭和蔼的态度，才能维护功业的长久。做人不论处于什么位置都应谦和谨慎，避免人际无情的纷争，腾出精力做自己应做的事情。

十二

原典

大人不可不畏，畏大人则无放逸之心；小民亦不可不畏，畏小民则无豪横之名。

译文

对于一个有高深道德修养的人不可不敬畏，因为敬畏有道德有名望的人就不会有放纵安逸的想法；对于平民百姓也不可不抱敬畏态度，因为畏惧平民百姓就不会有豪强蛮横的恶名。

阅典笔记

孔子说："君子有三畏，畏天命，畏大人，畏圣人之言。"孟子说："民为贵，社稷次之，君为轻。是故得乎丘民而为天子，得乎天子为诸侯，得乎诸侯为大夫。"中国古代的知识分子介于官民之间，形成一个士阶层。这里所谓"畏大人"，主要指对圣人之言，即有道德名望之人会使你个人的修养得以加深；畏小民是指一般人而言，即持宽仁的态度，而不是蛮横豪霸。历史上轻视平民的人难以成就大事业。

十三

原典

天贤一人以诲众人之愚，而世反逞所长以形人之短；天富一人以济众人之困，而世反挟所有以凌人之贫。真天之戮民哉！

译文

上天让一个人聪明圣智，派他教导一般人的愚钝，可是世上一些人，反而喜欢卖弄自己的才华，来反衬那些天资不如自己的人；上天让一个人有财富，目的是派他来救助贫苦的人，可是世上一些拥有财富的人，却仗恃自己的财富来欺凌穷人。这种人，真是违背天意的罪人。

阅典笔记

《孟子》引《书经》中一段话说："天将下民，作之君，作之师，唯曰其助上帝宠之四方，有罪无罪惟我在，天下何敢有越厥志。"译成现代白话文即："天降生一般的人，也替他们降生了君主、师傅，这些君主、人师的唯一责任是帮助上帝来爱护人民。因此，四方之大，有罪无罪，都由我负责，天下谁敢超越自己的本分胡作非为？"现代人不信天命，但有财富的人应帮助不如己之人，才智高的应多服务他人，不要以暂时的优势来卖弄、盘剥，要多为别人着想，多为后代着想，少些私心杂念。

十四

原典

人情听莺啼则喜，闻蛙鸣则厌，见花则思培之，遇草则欲去之，俱是以形气用事。若以性天视之，何者非自鸣其天机，非自畅其生意也。

译文

按一般人的常情来说，每当听到黄莺婉转的叫声就高兴，听到青蛙呱呱的叫声就讨厌；看到美丽的花卉就想栽培，看到杂乱的野草就想铲除。这完全是根据自己喜怒爱好来判断事物。假如按照生物的天性来说，莺啼蛙鸣都是在抒发它们自己的情绪；那花开草长，何尝不是在舒展蓬勃的生机呢？

阅典笔记

天生万物各有功用。人们的好恶之情与实用心理决定了取舍。像乌鸦未必坏，可人们心理上觉得不祥而不喜欢。有时感情上处于悲伤或喜悦状态，这种情绪也移之于物，对人对物同样存在这种问题。其实，我们对于事物不要太主观，须用冷静的头脑去观察，然后判断善恶美丑。假如能去私欲存天理，就会明白莺声蛙鸣都在显示自然的玄机。鲜花杂草都在冥冥中获得生生之意，万物都是根据天地自然之理而平等生长发育，我们不可凭主观见解随意区分善恶美丑。待物如此，由物及人，同样不可只凭主观臆断，凭一时的好恶用事，按自己的忧喜取舍。

十五

原典

峨冠大带之士，一旦睹轻蓑小笠飘飘然逸也，未必不动其咨嗟；长筵广席之豪，一遇疏帘净几悠悠焉静也，未必不增其绻恋。人奈何驱以火牛，诱以风马，而不思自适其性哉？

译文

峨冠大带的达官贵人，一旦看到身穿蓑衣、头戴斗笠的平民飘飘然一派安逸的样子，难免会发出羡慕的感叹；生活奢侈、居所富丽的豪门显贵，一旦置身于清新朴素、窗明几净、悠闲宁静的环境中，心中不由得会产生一种恬淡自适的感觉，难免要有一种留恋不忍离去的情怀。高官厚禄与富贵荣华既然不足贵，世人为什么还要枉费心机放纵欲望追逐富贵，却不设法过那种悠然自适而能早日恢复符合天性发展的生活呢？

阅典笔记

换个口味是对生活饮食的一种调剂，换个环境则是对于良心健康的一种调剂。人生在世，不能自我调剂，事事依靠别人来安排、来保持身心愉快是不可能的。富有四海的人会因为老在一个环境中而发腻，总在平淡中生活的人也应适当使自己的生活添些情趣。凡是存在反差和形成对比的东西总会为自己的生活添些愉悦。反之，人的生活又往往不自觉地分成阶层，峨冠大带与轻蓑小笠，清流与世俗总形成对立，其实质在于品德，在于自身修养之别。这是二者能在一起的一个前提。道德真君子适其本性而生活，固然清贫，但重人格人品而芬芳于陋室。

十六

原典

万籁寂寥中，忽闻一鸟弄声，便唤起许多幽趣；万卉摧剥后，忽见一枝擢秀，便触动无限生机。可见性天未常枯槁，机神最宜触发。

译文

大自然归于寂静时，忽然听到一阵悦耳的鸟叫声，会唤起阵阵幽趣；深秋季节所有花草都凋谢枯黄后，忽然看见其中有一棵挺拔的花草屹立无恙，就会感到无限生机。可见万物的本性并不会完全枯萎，因为它那生命活力随时都会乘机勃发。

阅典笔记

此境使人想起“闲敲棋子落灯花”的意境，尤其是正行文走笔、苦思冥想于文章时，与其搜肠刮肚地编造，不如到大自然中去汲取养料，几声鸟鸣可以勾起灵感，几枝花草可能引起回忆。生活中也是如此，所谓机神触事，应物而发。陆游诗云：“山重水复疑无路，柳暗花明又一村。”人在一生中往往遇到一些事情，自己认为已经绝望，可是又绝处逢生而使事情有了转机。可见天无绝人之路，只要有坚强的意志、无比的信心，到最后总会有成功的希望。写文章时灵感来后便会笔走龙蛇。而生活中一个好点子、好思路便使事情如虎添翼，关键是要善于发现。

十七

原典

非分之福，无故之获，非造物之钓饵，即人世之机阱。此处着眼不高，鲜不堕彼术中矣。

译文

不是自己分内应享受的幸福，无缘无故得到意外之财，即使不是上天故意来诱惑你的钓饵，也必然是人间歹徒来诈骗你的机关陷阱。为人处世如不在这些地方睁大眼睛，是很难逃过歹徒诈术圈套的。

阅典笔记

为人处世应有些固定的原则，表现出自己的道德水准。非分之想不可有，不义之财不可要，非我之物不动心。能坚持这三条，在钱财这一关是足以把持住自己的。俗话说：“人为财死，鸟为食亡。”“天欲祸之，必先福之。”所有这些都说明了“非分之收获，陷溺之根源”。诈骗者所以能诈得人钱财，就是利用人们贪图非分之财的弱点，这跟鸟鱼贪图意外食物而上钩完全相同。你若有所图，小人便从物欲上先满足你。有些人往往利令智昏，糊里糊涂就把歹徒的钩饵吞下，往往最后身败名裂，名利又丢。俗话说：“吃人的嘴软，拿人的手短。”想留清名于世，安然于世，必须做到非我之财不要，明白“非分之收获，陷溺之根源”的道理。

十八

原典

天运之寒暑易避，人世之炎凉难除；人世之炎凉易除，吾心之冰炭难去。去得此中之冰炭则满腔皆和气，自随地有春风矣。

译文

大自然的寒冬和炎夏容易躲避，人世间的冷暖却难以消除；人世间的冷暖即使容易消除，积存在我们内心的恩仇怨恨却不易排除。假如有人能排除积压在心中的恩仇怨恨，那祥和之气就会充满胸怀，如此也就到处都充满极富生机的春风。

阅典笔记

人的道德修养主要表现在待人上，是恩怨于心，还是“人我两忘，恩怨皆空”，决定于人的修养。古代士人讲究宽以待人，强调“恕”“忍”，就是要求待人时“以德报德，以直报怨”，使人际和谐，而自我怡然。做人当然不可无原则，提高自身修养是为了以自身之德感化彼人之怨。如此就不会计较于个人的恩怨，不会陷于人际苦恼。

十九

原典

栖守道德者，寂寞一时；依阿权势者，凄凉万古。达人观物外之物，思身后之身，宁受一时之寂寞，毋取万古之凄凉。

译文

恪守道德节操的人，只不过会遭受一时的冷落；而那些依附权势的人，却会遭受千年万载的唾弃与凄凉。胸襟开阔且通达事理的人，重视物质以外的精神价值，顾及到死后的名誉。所以他们宁愿承受一时的寂寞，也不愿遭受永久的凄凉。

阅典笔记

宁愿栖守道德而寂寞一时，宁愿遵从大义而舍生一死，从古至今的例子很多，如文天祥就称得上是代表。《十八史略》载，张弘范让文天祥写信招降张世杰，否则只有一死。文天祥书《过零丁洋诗》与之，其末句就是现在人们经常引用的千古名言“人生自古谁无死，留取丹心照汗青”。这就是“宁受一时之寂寞，毋取万古之凄凉”的具体表现。达人所以能“观物外之外，思身后之身”,完全在于“仁义”二字。因此文天祥在他的《衣带赞》中又说:“孔曰成仁，孟曰取义，惟其义尽，所以仁至。读圣贤书，所学何事？而今而后，庶几无愧！”这是古代的舍生取义。有了这样的追求,生活上也就甘于淡泊了。孔子说：“不义而富且贵，于我如浮云。”反之，如魏忠贤、严嵩、和珅等人，几乎个个都是依仗权势的佞幸奸臣，他们最后都落得身首异处、凄凉万古的悲惨下场。为人处世不慎可乎！用这个道理来考察我们的现代生活，同样具有深刻的教育意义。

二十

原典

醲肥辛甘非真味，真味只是淡；神奇卓异非至人，至人只是常。

译文

美酒佳肴并不是真正的美味，真正的美味只是那些粗茶淡饭；才智卓绝、超凡绝俗的人还不算人间真正的伟人完人，真正的伟人看起来都是平凡无奇的人。

阅典笔记

人们往往忽视平凡，不重视常见的东西，像鸡鸭鱼肉、山珍海味，固然都是极端美味可口的佳肴，但时间久了会使人觉得厌倦而难以下咽；粗茶淡饭，最益于身体，在一生之中最耐吃。这只是就怎样做人打了个比方。生活中，有的人往往仗恃自己才学出众而洋洋得意，盛气凌人。其实这种人并不是能博得人们景仰的理想人物。因为一个有完美人格和高尚品德的人，都是在平凡中坚守自己的岗位，在平凡中来实践自己伟大的人生理想，在不骄不躁中修养自己的品德，这种人总有一天能达到理想境界，才有资格垂范千古。例如释迦牟尼佛，他对众生说法绝不用玄虚的高深道理迷惑民众，而是用简明切实的教义来普度众生，在当时苦难的民众中探寻一种美好的理想。和他同时代的孔子，历经磨难，他的理想在当时虽然没有得到呼应，却在身后被发扬光大。所谓"万丈高楼平地起"，就是说不论如何伟大的人物都要从平凡中做起。一个人绝俗超凡可以视为一种人生态度，有卓越的才华也是好事，但作为一个伟人，要一贯地、多方面地要求自己，要把自己的美好追求置于社会，置于民众，脚踏实地，而不是标新立异，追求一时的轰动。只有在平凡之中才能保留人的纯真本性，进而在平凡中显出英雄本色。

二十一

原典

夜深人静独坐观心，始觉妄穷而真独露。每于此中得大机趣，既觉真现而妄难逃，又于此中得大惭忸。

译文

夜深人静，万籁俱寂时，独坐省察内心，你发现自己的妄念全消而真心流露。当此真心流露之际，皓月当空，精神舒畅，感觉体会到了毫无杂念的细微境界。然而已经感到真，心偏偏难以全消妄念，于是心灵上会感觉不安，在此中感到悔悟的意念。

阅典笔记

古人讲求宁静致远，淡泊明志，这里讲真人、妄心，那么，妄心和真心是何所指呢？所谓真心，就如同空中明月，光辉皎洁，没一点乌云遮掩。所谓妄心，就如同遮掩明月的乌云。然而妄心和真心的关系并不是像乌云和明月的关系，因为真妄一体，互不分离。譬如深渊之水澄清如镜，包罗万象，无不印映，这就是真心出现之时。反之，大海中掀起的汹涛骇浪，可翻覆巨大的船舶，这就是妄心出现之时。以此比喻圣人之心经常静如止水，凡夫之心对外界事物易起妄念，以致丧失纯洁之心。离开真心就无妄心，这恰如离开水就无波浪可言。现实生活中，还是多些心静，少些欲念，多些禅意，少些喧嚣争斗好，这样利于自我反省，修身养性。所谓“静中观心，真妄毕见”的现实意义即此。

二十二

原典

藜口苋肠者，多冰清玉洁；衮衣玉食者，甘婢膝奴颜。盖志以淡泊明，而节从肥甘丧也。

译文

能过粗茶淡饭生活的人，他们的操守多半像冰玉般纯洁；而讲求华美饮食的奢侈的人，多半甘愿做出卑躬屈膝的奴才面孔。因为一个人的志向要在清心寡欲的状态下才能表现出来，而一个人的节操都从贪图物质享受中丧失殆尽。

阅典笔记

贪图物质享受的人，生活容易陷于糜烂，精神生活空虚，也难有高尚的品德，因此他们为了能得到更高一层的享受，不惜用任何手段去钻营，甚至于卑躬屈膝，人格丧失殆尽。结合我们现实社会上那些贪赃枉法、以权谋私、腐化堕落的人，他们的犯罪动机大多是为了满足物质需求，追求浮华。人人都有追求较好物质生活的权利，较好的物质生活是追求较高精神需求的基础，但“君子爱财取之有道”，只有通过劳动致富才是光荣的。从另一个角度来讲，只讲物欲要求的生活是不完全的，层次较低；没有充实精神生活的物欲要求是空虚的。雷锋曾说过：生活上向低标准看齐，工作上向高标准看齐。说明人要有理想，有追求；不能以贪图享受，满足物欲作为最大需求，不能玩物丧志，成为社会的寄生虫。

二十三

原典

降魔者先降自心，心伏则群魔退听；驭横者先驭此气，气平则外横不侵。

译文

要想制服邪恶之神，首先必须制服自己内心的邪念。自己内心的邪念平息了，其他邪恶之神也自然不起作用而退却。要想控制不合理的横逆事件，必须先控制自己容易浮动的情绪。自己的情绪控制住以后自然不会心浮气躁，到那时所有外来的强横事物就不能侵入。

阅典笔记

对于个人的修养来讲，外在的邪恶容易看到、克服，内在的难点会成为自己修养中无形的障碍。所谓“破山中之贼易，破心中之贼难”，人生最大的敌人是自己，必须先制服内心邪念才能踏上进德修业的坦途。《六祖经》说“心平何劳持戒，行直何用修禅”，又说“菩提只向心觅，何劳向外求玄”，强调心是人一切行为的主宰，做人必须在自我上下功夫。尤其是要想控制外来的横逆事件，必须先控制自身的邪念，因为外力毕竟要通过内心的作用才能左右自己。假如自己陷于迷惑，就容易受到外来邪念的干扰。古人讲修养，就是改造内心世界，强调只有内心静如止水，才可收到“百邪不入，寒暑不侵”的效果。应当说，强调自我完善和心性修养，达到精神境界升华，在今天仍有积极意义。

二十四

原典

欲路上事，毋乐其便而姑为染指，一染指便深入万仞；理路上事，毋惮其难而稍为退步，一退步便远隔千山。

译文

关于欲念方面的事，绝对不要贪图便宜而不正当地占为己有，一旦贪图非分的享乐就会坠入万丈深渊；关于真理方面的事，绝对不要由于畏惧困难而生退缩的念头，因为一旦退缩就会和真理、正义有千山万水之隔而失之交臂。

阅典笔记

人的欲望是一个客观存在，刻意去压抑是和社会进步不相符的，但是过分去放纵情欲物欲，不加限制，就容易迷失本性，会贪图非分享乐，坠入欲念深渊。处在享乐中的人们很难克制欲望，这就需要修身养性。但是，追求理性是很枯燥的，佛家所说“一寸道九寸魔”和“道高一尺魔高一丈”，都证明了修练品德是一件很艰苦的事，就像登山一样得奋力前进，否则蹉跎一生将会落得一事无成的后果。所谓“莫待老来方不道，孤坟尽是少年人”，人不能纵欲胡来，而应从小刻苦磨炼，不惧艰难，从而逐步建立起一个高尚的精神世界。

二十五

原典

念头浓者，自待厚待人亦厚，处处皆浓；念头淡者，自待薄待人亦薄，事事皆淡。故君子居常嗜好，不可太浓艳，亦不宜太枯寂。

译文

一个心胸开阔的人，自己的生活富足，对待别人也大方，以致凡事都要讲究气派豪华。一个欲望淡薄的人，自己过着清苦的生活，对待别人也很淡薄，因此凡事都表现得冷漠无情。可见，一个真正有修养的人，日常的爱好，既不过分讲究气派以致奢侈，也不能过分吝啬以致刻薄。

阅典笔记

处世待人应该是辩证的。一个人在日常生活中，宽厚与淡泊之间必须拿准尺度，因为宽厚过度就奢侈，淡泊过度就吝啬。每个人都有七情六欲，现实中的是是非非需要我们去判断，待人的浓艳枯寂一定要适中，做人也才合群受敬。浪费无度足以败身，刻薄寡恩必将失人，成为人们失败的两个因素。所以做人待人在自己的心里必须有一把准确的尺子，什么事太过或不足都是不对的。

二十六

原典

人人有个大慈悲，维摩屠刽无二心也；处处有种真趣味，金屋茅舍非两地也。只是欲闭情封，当面错过，便咫尺千里矣。

译文

每个人都有仁慈之心，维摩诘和屠夫是刽子手的本性是相同的；世间到处都有合乎自然的真正的生活情趣，这一点上富丽堂皇的高楼大厦和简陋的茅草屋也没什么差别。可惜人心经常为情欲所封闭，因而就使真正的生活情趣错过；不能排除物外杂念，虽然只在咫尺之间，实际上已相去千里了。

阅典笔记

在古人的人性观中，孟、荀二人最有代表性，荀子主张性恶，孟子主张性善，孟子认为“人皆有恻隐之心、是非之心、辞让之心、羞恶之心”。不管怎么说，人性的善恶并不因为外部世界的财富差异有区别。天地间充满了真善美，这种天然情趣也存在于寒门敝户中，跟富贵人家的高楼大厦中的毫无不同。从精神享受而言，人生是否能有真快乐只是存乎一念之间。假如贪得无厌，作恶多端，即使住金屋也空虚难耐；假如乐天知命或毫无邪念，即使住茅屋也会感到愉悦充实。这里的存乎一念，主要指修养的程度。没有追求这一念的精神，人的本性就会在客观世界的影响中变质。

二十七

原典

肝受病则目不能视，肾受病则耳不能听。受病于人所不见，必发于人所共见。故君子欲无得罪于昭昭，必先无得罪于冥冥。

译文

肝脏感染上疾病，眼睛就看不清；肾脏染上疾病，耳朵就听不清。病虽然生在人们所看不见的地方，但病的症状必然发作于人们所都能看见的地方。所以君子要想表面没有过错，必须先从看不到的细微处下功夫。

阅典笔记

古人讲修身主要是对自我道德的完善。俗话说问心无愧，正是说明人欲无错，无祸于世。不能只是外表完善，关键是内心不能有犯罪的欲念。不要以为黑暗可以成为罪恶的温床，所谓天知、地知、你知、我知，天网恢恢，谁可漏脱呢？所以儒家教人修养品德，必须要从慎独功夫做起。所谓慎独，就是指在别人看不见听不到的情况下，也绝对不做任何见不得人的坏事。其实这才是君子的聪明处。俗话说得好，“若想人不知，除非己莫为”。修省如果只是为了让自己披上一件道德的外衣，岂不成了伪道学？本心就已具备了优良的品质，又怎么会去担心“祸”“罪”呢？

二十八

原典

人之际遇，有齐有不齐，而能使己独齐乎？己之情理，有顺有不顺，而能使人皆顺乎？以此相观对治，亦是一方便法门。

译文

每个人的际遇各有不同，机运好的可施展拖负，机运坏的将可能一事无成，自己又如何能要求机运的特别待遇呢？自己的情绪有好有坏，有稳定也有浮躁的时候，自己又如何能要求别人事事都顺从你的意愿呢？假如自己能平心静气来对照观察，也就是设身处地反躬自问，这是领悟人生的一个最好途径。

阅典笔记

人的精神状态各不相同，“人心不同，各如其面”。财富、地位、健康，都直接影响人的情绪，但是要想全部得到这些很难，所谓“人生不如意事十之八九”。一个人事业的成功与否，一半靠自己的主观努力，另一半靠客观的机遇，就连孔子也发出“死生有命，富贵在天”的感叹。其实这并不能证明孔子是一位宿命论者，而是告诉世人，当机运未到来时要看开一点。作为一个修身自省的人来讲，不能因为个人的“顺与不顺”“齐与不齐”来要求别人，要由别人的情绪、机遇来反观自己，由此会更加明白事理，提高修养。

二十九

原典

富贵名誉，自道德来者，如山林中花，自是舒徐繁衍；自功业来者，如盆槛中花，便有迁徙兴废；若以权力得者，如瓶钵中花，其根不植，其萎可立而待矣。

译文

荣华富贵的显耀，假如是从道德修养中得来的，那就如同生长在大自然环境中的野花，会不断繁殖、绵延不绝；如果是从建功立业中得来的，那就如同生长在花园中的盆景一般，只要稍微移植，花木的成长就会受到严重的影响；假如是靠特权，甚至恶势力得来的，那就如同插在玻璃瓶中的花朵，由于根部并没有深植在土中，所以花的凋谢枯萎指日可待。

阅典笔记

古人提倡以德报人，而且认为财富、美名也应是有德者居之。道德的修省不是一朝一夕的事。君子“立德、立功、立言”要慢慢成长，官位、财富、名誉要一点一点地累积。反之，假如用不正当的手段于短时间内强行获得，那就宛如空中楼阁，转眼之间就会土崩瓦解。所以自己的财富要通过劳动付出得来，自己的社会地位要依靠自己的道德力量获得。

三十

原典

名根未拔者，纵轻千乘甘一瓢，总堕尘情；客气未融者，虽泽四海利万世，终为剩技。

译文

名利思想没有彻底拔除的人，即使他能轻视富贵荣华而甘愿过清苦的生活，最后仍然无法逃避名利世俗的诱惑；一个受外力影响而不能在内心加以化解的人，即使他的恩泽能广被四海以致遗留万世，其结果仍然算是一种多余的伎俩。

阅典笔记

争名夺利之累人所共知，而名利之诱惑确也太大。一个人不铲除名利观念，随时都会有追逐名利的念头产生，不论他如何标榜清清高地声称退隐林泉，都不过是以退为进的托词。尤其在唐朝，退隐成了争名的一种必然方式，即所谓“终南捷径”。许多人不如意时便高歌隐退，一有时机，便马上出世。唐代的卢藏用本来功名心很强，可是他却善于造作而隐居京师附近的终南山。当他由于清高之名而很快获得朝廷征用时，他竟毫不隐讳地指着终南山说：“此中大有佳趣！”只有正气一身、道德纯真的人才可能淡泊名利。其实一个人隐世或出世是次要的，关键是要看他的修养，是正气居多还是私心杂念满身，要看他的行为是不是利国利民。

三十一

原典

心体光明，暗室中有青天；念头暗昧，白日下有厉鬼。

译文

一个心里光明磊落的人，即使立身在黑暗世界，也能看到万里晴空。一个欲念邪恶不端的人，即使生活在光天化日之下，也像被魔鬼缠身一般终日战战兢兢。

阅典笔记

大千世界可以引起人们的万端思绪，如果一个人平时不能加强自己的修养，很可能抵制不住邪恶的诱惑。因为外界的善恶、正邪、美丑现象，实际上又是人们内心的反映。每个人做事都从自己的认识出发，心地邪恶的人就难以正确认识人生，而往往把人的善行看作是恶意，把人家的正言看作是邪念。

这就如同一个心中快乐的人看见花就觉得美，一个心中忧愁的人看见花并不觉得美。善恶、正邪、美丑往往是存乎一念，不管是明里还是暗里，不注意修省，而私欲横生，遇事就不可能有正确的认识；心地光明的人什么时候都是影正行端，做事自能公平合理。

三十二

原典

人知名位为乐，不知无名无位之乐为最真；人知饥寒为虑，不知不饥不寒之虑为更甚。

译文

人们都知道求得名誉和官职是人生一大乐事，却不知道没有名声、没有官职的人生乐趣是最实在的；人们只知道饥饿寒冷是痛苦、值得忧虑的事，却不知道在不愁衣食后，由于种种欲望，由于患得患失的精神折磨才更加痛苦。

阅典笔记

按现代心理学的说法，人的需求是有层次的，当生活温饱解决之后，在精神上就产生了不同的层次需求。安贫乐道，消极等待是不对的。因为人们追求富有、显贵而使生活过得更好些是很现实的，但并不能因此而忘却自身的修养。何况人们在没有达到一定需求层次时，想象中的美好往往占满脑海，就像古时的农人只知皇帝生活好，但好到什么程度就没法想象了，更不知道每个层次都有不同的烦恼。例如曹雪芹在《红楼梦》中写了一首《好了歌》，说明了世俗心理："世人都晓神仙好，唯有功名忘不了。古今将相在何方？荒冢一堆草没了。世人都晓神仙好，只有金银忘不了。终朝只恨聚无多，及到多时眼闭了。"陶渊明不为五斗米折腰而归田园，因为他讨厌官场倾轧和有权势的人，成为千古美谈。从这种寻求内心平衡和道德完善的角度来讲，生活清贫而不受精神之苦，行为相对自由洒脱而不受倾轧逢迎之累是可羡慕的，安贫乐道未尝不好。

三十三

原典

天理路上甚宽，稍游心胸中便觉广大宏朗；人欲路上甚窄，才寄迹眼前俱是荆棘泥涂。

译文

天道就像一条宽敞的大路，只要人们稍一用心探讨，心灵深处就会觉得豁然开朗；人世间欲望就好像一条狭窄的小径，刚把脚踏上就觉得眼前全是一片荆棘泥泞，稍不小心就会陷进泥淖寸步难行。

阅典笔记

人生在世是及时行乐还是追求理性，存在两种不同的生活方式。凡是能合乎天理的大道，随时随地都摆在人们的面前供人行走。这条路不能满足人的种种世俗的欲望，而且走起来枯燥寂寞。假如世人能顺着这条坦途前进，会越走越见光明，胸襟自然恢宏开朗，会觉前途远大。反之，世人的内心总充满欲望。而欲望的道路却是非常狭隘的，虽然可以满足一时的虚荣、杂念，可走到这条路上理智就遭受蒙蔽。于是一切言行都受物欲的驱使，前途事业根本不必多谈，就连四周环境也布满了荆棘，久而久之自然会使人坠入痛苦深渊。追求物质需求和情感要求是必要的、合理的，但如果因此而沉溺就不是明智之举。从长远看，人生应该有高层次的追求才对。

三十四

原典

泛驾之马可就驰驱，跃冶之金终归型范。只一优游不振，便终身无个进步。白沙云："为人多病未足羞，一生无病是吾忧。"真确论也。

详文

一匹性情凶悍的马，只要训练有素，驾驭得法，仍然可以骑上它飞奔疾驰；在熔化时爆出熔炉、以为可以被铸成名剑的金属，最终还是被人注入模型变成利器。一个人如果只贪图吃喝玩乐而游手好闲，就会使精神陷于委靡不振的状态，如此就一辈子也没有什么出息。所以白沙先生说：“做人有过失并没什么可耻的，只有一生一点错都没有才最值得忧心。”这真是至理名言。

阅典笔记

一个有大志、有追求的人不要怕艰苦的磨炼。孟子说：“忧劳足以兴国，逸豫足以亡身。”“天将降大任于斯人也，必先苦其心志，劳其筋骨，饿其体肤，空乏其身，行拂乱其所为，所以动心忍性，增益其所不能。”这就说明一个人要想创立大事业，必须先在艰难困苦的环境中磨炼心性，然后才经得起巨浪的冲击，担当起“挽狂澜于既倒”的重任。那些精神不振、贪图安逸，如八旗子弟、无所事事的人，一生没什么波澜，终将被社会厌弃，被历史遗忘。一个追求者的一生可能要走弯路，有过失，但只要认识正确，不停脚步，终将会有所成就。

三十五

原典

耳目见闻为外贼，情欲意识为内贼。只是主人翁惺惺不昧，独坐中堂，贼便化为家人矣！

译文

耳目所喜欢的东西属于外来的侵害，感情欲望等心理上的邪念是内在的敌人。不管是内贼也好外贼也罢，只要人自己保持清醒的头脑，做事遵循原则，做人恪守信念，所有心理敌人、外来诱惑反而都会变成你修养品德的助手。

阅典笔记

人们要修身养性，排除私心杂念，可内贼和外贼这两种心理敌人实在可怕，稍一疏忽他们就乘虚而入向人们进攻。人们既然是处在这两种敌人夹攻的环境之中，必须时时提防不要成为六贼的俘虏。然而人不可能是不食人间烟火的神仙，是不能饿着肚子去修炼的。但对物欲情欲的需求，必须多作自我克制。官能上的享乐可以调剂身心，但是过度也可以腐化人性；情欲上的活动可以创造人生，但是走向极端也可以毁灭生命。因此我们日常生活必须遵守一定的原则，要发乎情止乎礼，否则一失足而坠入欲望之海就有丧生的危险。而保持一种高尚的道德情操，是成就事业的可靠的基础。

三十六

原典

气象要高旷，而不可疏狂；心思要缜密，而不可琐屑；趣味要冲淡，而不可偏枯；操守要严明，而不可激烈。

译文

一个人的气度要高旷，却不可流于粗野狂放；心思要周详，却不可繁杂纷乱；生活情趣要清淡，却不可过于枯燥单调；言行志节要光明磊落，却不可偏激刚烈。

阅典笔记

什么事都不能过分，品德和气质的修养也是这样。如果把一种好的品德视为教条而走向极端，那这种品德反而有害于人。一个人要想做到不偏颇，恰到好处，言行以至思想境界需要进行一个很长的磨炼过程。因为人们做事做人总是向好的方面追求却难以适度，看到好的一面却忽视随之而来的不足，那么一不小心便会失之偏颇，得到相反的结果。

三十七

原典

念头起处，才觉向欲路上去，便挽从理路上来。一起便觉，一觉便转，此是转祸为福、起死回生的关头，切莫轻易放过。

译文

当你心中邪念刚一浮起时，你能发觉这种邪念有走向欲路的可能，你就应该立刻用理智把这种欲念拉回正路上来。坏的念头一起就立刻警觉，有所警觉就设法挽救，这是到了转祸为福、起死回生的紧要关头，绝对不可以轻易放过这个机会。

阅典笔记

很多事往往在一念之间决定今后的人生道路，而一念不慎足以铸成千古恨事，因此先儒才有“穷理于事物始生之际，研机于心意初动之时”的名言。但一念的铸成并不在当时而是在平时的锻炼，就像一个人在情绪特别激动的时候，往往会做出不计后果的事，而能出现这种情绪本身说明这个人在平时可能还没意识这件事是好是坏。可见一个人不能防邪念于未然，就可能出现“一失足成千古恨，再回头已百年身”的凄惨后果。私心杂念和道德伦理并存是很矛盾很困难的，人必须拿出毅力、恒心控制私心杂念，并且当机立断地把这种欲念扭转到合乎道德的路上。这个扭转只能在平时注意磨炼自己，那么临时引发的生死祸福的命运才可能操之在我。一念之间，上可登天堂下可堕地狱。人不能总是到事后才悔恨自己，当生机在握时，当幸运降临时，绝不可轻易放过。

三十八

原典

静中念虑澄澈，见心之真体；闲中气象从容，识心之真机；淡中意趣冲夷，得心之真味。观心证道，无如此三者。

译文

人在宁静中心绪才会像秋水一般清澈，这时才能发现人性的真正本源；人在安详中气概才会像晴空白云一般舒畅悠闲，这时才能发现人性的真正灵魂；人在淡泊中内心才会像平静无波的湖水一般谦虚和蔼，这时才能获得人生的真正乐趣。大凡要想观察人生的真正道理，再也没有比这种方式更好的了。

阅典笔记

诸葛亮用"宁静以致远，淡泊以明志"两句话来作为他的座右铭，借以磨炼他淡泊明志的心胸和恢宏辽阔的气度。从古至今，许多有志之士修身养性同样尊奉这两句名言。这里包含的方式，和本篇讲的悟道是相通的，即在宁静、闲适、淡泊中来悟出本性。一个人的心静如止水，就不会有一点邪念袭来，因为这时的心有如一尘不染的明镜，最能反映出一个人的本然之性，也就是能反映出作者所说的"真体"和"真机"。当一个人内心非常安闲时，就能出现从容不迫的神态。这时考虑任何事情，都容易发现真理的奥妙，也就是最能找出作者所说的内心的真机。当一个人的心处于淡泊状态，他的情趣就会悠悠自得，没有任何东西可以掩蔽他内心的真趣。

三十九

原典

静中静非真静，动处静得来，才是性天之真境；乐处乐非真乐，苦中乐得来，才是心体之真机。

译文

在万籁俱寂中所得的静并非真静，只有在喧闹环境中还能保持平静的心情，才算是合乎人类本然之性的真正宁静；在歌舞喧嚣中得到的快乐并非真快乐，只有在艰苦的环境中仍能保持乐观的情趣，才算是合乎人类本然灵性的真正乐趣。

阅典笔记

事物一经相对事物的衬托就会更加彰显。一个人住在远离烦忧世界的深山幽谷之中可保持一份宁静的心情，当然可以看成一种宁静，但在枪林弹雨杀声震天或者令人神情激动的环境中，仍能保持一颗平静无波的心就更能显出静的意义；一个人在丰衣足食、踌躇满志的生活中自然会很快乐，但是在饥寒交迫的艰苦环境中能自得其乐就很难，可以算是使“心体成真”的更深层次快乐。例如晋朝竹林七贤中的嵇康，由于得罪了当朝权门而被下狱，临刑时仍能保持镇静，抚琴高歌一曲与世诀别。这虽说是苦中作乐，但也足以证明他的心体是全真的，在任何环境中都能悠然自得，不为外物所扰。

四十

原典

舍己毋处其疑，处其疑即所舍之志多愧矣；施人毋责其报，责其报并所施之心俱非矣。

译文

假如一个人在关键时刻需要自我牺牲，就不应计较利害得失。有了计较观念就会对自己要作的牺牲感到犹疑不决，就会使志节蒙羞。一个人施恩惠给他人，绝对不要指望得到回报。如果责成人家感恩回报，那原来帮助人的一番好心就会变质而面目全非了。

阅典笔记

舍己是紧要关头的自我牺牲，施人行善则是几十年如一日地自愿奉献。二者在本质上是一致的，在表现方式上有所区别。对舍己而言，如果没有埋想追求，没有平日的修省作基础，那么在舍己的关头就很可能退却。从古至今无数的先贤、英雄，因为他们志向远大，品质高尚，所以在生命与国家利益、民族大义之间，他们毫不犹豫地舍生成仁，青史永垂。施人，用现在的话来讲就是热情帮助别人，为了让别人活得好些自己默默奉献。像雷锋就是典型，他有伟大的理想，有甘愿奉献的精神，所以现在人们学习他、怀念他，因为他代表了一个国家、集体利益高于一切的时代精神。比起这样一种胸怀，那些施人一惠便图回报、助人一次便想金钱利益的形象的确渺小、苍白。

奉献篇

一

原典

贞士无心徼福，天即就无心处牖其衷；憸人着意避祸，天即就着意中夺其魄。可见天之机权最神，人之智巧何益。

译文

一个志节坚贞的君子，虽然无意祈求福祉，可是老天偏要在他无意的地方来开导他完成衷心要完成的事业；行为邪恶不正的小人，虽然用尽心机想逃避灾祸，可是上天却在他巧用心机时来夺走他的灵魂。由此观之，上天神奇无比，变化莫测，极具玄机，人类平凡无奇的智慧在上天面前实在无计可施。

阅典笔记

古人讲求“死生有命，富贵在天”，所谓“人算不如天算”。但富贵跟幸福不能用祈祷得来，否则从古到今不会有那么多为追求幸福而牺牲，或为求个人富贵而争得你死我活的事了。这说明古人有时不信天命，有时又希冀天命。在生活中，一些自然法则是需要遵循的。恶人不能遵循社会公德说不定什么时候便灾祸临门；君子居贫，又往往有意外之喜。所以万事应听其自然，不可越过法律、公德去强求。

二

原典

声妓晚景从良，一世之烟花无碍；贞妇白头失守，半生之清苦俱非。语云：“看人只看后半截。”真名言也。

译文

妓女以卖身卖笑为业，到了晚年如果能嫁人从良，那么她以前的妓女生涯并不会对后来的正常生活构成妨害；可是一个一生都坚守贞操的节烈妇女，到了晚年由于耐不住寂寞而失身，那她半生守寡所吃的苦就会付诸东流。俗话说："要评定一个人的功过得失，关键是看他的晚节。"真是一句至理名言呀！

阅典笔记

只有活到老学到老，不断立新功，才可能保持一个完整的人格，实现道德的完善。人生实际上是很艰难的。俗话说："浪子回头金不换"，"放下屠刀立地成佛"，"苦海无边回头是岸"。人们对于朝闻道而夕死是大加褒扬的，因为过去的不足终因迟到的善举得以弥补。一个人不论以前出身如何低贱或者如何堕落，只要能够痛下决心猛回头重新做人，世人不但会原谅他们过去的失足与不幸，而且钦佩他们的毅力与勇气。反之，有的虽然有很好的出身和过去，不幸到了晚年却由于受不了金钱、权势的诱惑而入歧途。例如汪精卫青年时代起就追随孙中山，而且立下了很多功劳，当年曾冒死刺杀大清摄政王，岂料到了他后半生，竟不顾民族大义甘为日寇傀儡，落得一个遗臭万年的汉奸罪名。可见一个人的晚节实在重要，人的一生要到盖棺才能论定。

三

原典

居逆境中，周身皆针砭药石，砥节砺行而不觉；处顺境中，眼前尽兵刃戈矛，销膏靡骨而不知。

译文

一个人如果生活在逆境中，身边所接触的全是可以医疗自身的良药，在不知不觉中会使你敦品砺行磨炼自己的意志；反之，一个人如果生活在顺境中，这就等于在你的面前摆满了消磨你精神意志的刀枪，在不知不觉中使你身心受到腐蚀而走向失败的路途。

阅典笔记

人生的路有起有落，看待人生的起落顺逆应该用辩证的观点。居逆境固然是痛苦压抑的，但对一个有作为、能自省的人来讲，在各种磨砺中可以锻炼自己的意志，修正自己的不足，一旦有了机会，就可能由逆向顺。居顺境当然是好事，但对于一个没有良好的品质和远大追求的人来讲，在优裕环境中往往容易堕落腐败，这和在清苦环境中的容易发愤上进道理一样。一个人生活一优裕，就容易游手好闲，不肯奋斗；反之，如果处在艰苦穷困的环境中，“穷则变，变则通”。所以贫与富不是绝对不变的，顺与逆也是可以相互转化的。

四

原典

神酣布被窝中，得天地冲和之气；味足藜羹饭后，识人生淡泊之真。

译文

能在粗布被窝里睡得很香甜的人，就能体会大自然的和顺之气；粗茶淡饭能吃得很香甜的人，才能领悟出恬淡生活中的真正乐趣。

阅典笔记

俗话说“强扭的瓜不甜”，生活就是这样，强求而不自然的东西往往很别扭。人生的真正快乐在于求得精神上的愉快，所以孔子才说：“饭疏食饮水，曲肱而枕之，乐亦在其中矣。不义而富且贵，于我如浮云。”不一定只美酒佳肴才有真味，“真味在藜羹”。只要心情愉快，粗茶淡饭中便可体会人生真趣。人生贵在真诚，做人应当自然，往往布衣之交、一饭之情、真心相助最让人珍惜。或许是富贵以后人的外壳包裹太厚，心理上的包袱太重，人们对同患难之情、中小学同学之友谊，同为平民布衣之交时的情感更为珍惜。因为这种情谊真挚，足见人之本性，所以，才会唤起人更加美好的回忆。

五

原典

斗室中，万虑都捐，说甚画栋飞云，珠帘卷雨；三杯后，一真自得，唯知素琴横月，短笛吟风。

译文

虽说住在斗室之中，可是世间的一切忧愁烦恼全部消除，还奢望什么雕梁画栋、飞檐入云，珍珠穿成的帘子像雨珠般玲珑的豪华设施；三杯老酒下肚，纯真本性涌出，这时只知道对明月弹琴，临清风吹笛，雅趣自然无限。

阅典笔记

刘禹锡名篇《陋室铭》表达的就是一种“万虑都捐”而斗室不陋的境界。人的超脱豁达于此是最能显现的，人的精神境界的高与俗、雅与粗在此更能表现。在贫困的状态下能表现出高雅情趣的人是最有希望在事业上取得成功的人。故古来许多名人学士于此道有不谋而合的咏叹。卢琦有“颀然坐我斗室底，满室岚气生清香”的诗句，而历来对竹兰梅菊的诸多咏叹同样表达这样一种情感。人缺乏追求就会陷于抱怨、自堕和麻木的状态，产生无穷烦恼。

六

原典

幽人清事总在自适，故酒以不劝为欢，棋以不争为胜，笛以无腔为适，琴以无弦为高，会以不期约为真率，客以不迎送为坦夷。若一牵文泥迹，便落尘世苦海矣！

译文

清高的人和高雅的事都在于顺应自己的本性。因此喝酒时谁也不劝谁多喝，尽兴为乐；下棋只是为了消遣，以不为一棋之争伤和气为胜；吹笛只是为了陶冶性情，以旋律能融汇大自然的音韵为高；弹琴只是为了休闲，以不求弦律为高雅；和朋友约会是为了联谊，以不期而会为真率；客人来访要宾主尽欢，以不送往迎来为最自然。反之，假如有丝毫世俗人情礼节的约束，就会落入烦嚣尘世苦海而毫无乐趣了。

阅典笔记

做人的确应当自然。对于世外桃源之人，那么多的繁文缛节，实在让人心累。不仅外形宜免世俗之相，与朋友游乐同样以怡神陶性为高，不受时间限制为真。要把自己的身心融汇于大自然，让自己的生活适合自己的本性，为自己而活着。但是自然并不是绝对的，例如迎送不宜为礼所累，但“蓬门今始为君开”的境界就不在此列。

七

原典

试思未生之前有何相貌，又思既死之后作何景色，则万念灰冷。一性寂然，自可超物外游象先。

译文

想想看，人在没出生之前又有什么形体相貌呢？再想想，死了以后又是一番什么景象呢？一想到这些不免万念俱灰。不过精神是永恒的，保持了纯真本性，自然能超脱物外遨游于天地之间。

阅典笔记

孔子说：“未能事人焉能事鬼？未知生焉知死？”人在降生之前是否有前世？死后是否有来世？佛教等各种宗教都认为人有来世，所以才创造出天堂、地狱及生死轮回等各种教义。关于人的生死问题，从古至今人们苦心探讨。有人因生的短暂而花天酒地，有人因死的恐惧而忧心忡忡。对一个有修养的人来讲，生不足喜，死不足忧，看破生死，杂念顿消，才能摆脱世俗的纠纷，做到超然物外。

八

原典

惊奇喜异者，无远大之识；苦节独行者，非恒久之操。

译文

一个喜欢标新立异甚至喜欢怪诞不经的人，不会有高深的学识和远大的见解；一个只知道苦苦恪守名节而自以为清高、独行其是的人，无法保持长久的信心操行。

阅典笔记

喜欢新鲜、好奇是人之性情所决定的，但对一个有大志向的人来讲，不应把精力投之于此。对于一个性格稳重、修养厚实的人来讲，不应当像孩子那样见异思迁，应当重视平素的言行而不要标新立异、耸人听闻。奇特怪异之行多了只会使人看了讨厌，对于自己的前途事业绝无任何好处。例如一些未成年的中学生，竟以会抽香烟而洋洋得意。旁人看来，这正是代表他们的无知。生活中的修行是实实在在的，不是恪守一些教条，把自己锁进道德圈子里就算是有修养，而是要脚踏实地从生活中的小事做起。

九

原典

念头昏散处要知提醒，念头吃紧时要知放下，不然恐去昏昏之病，又来憧憧之扰矣。

译文

头脑感到昏沉纷乱时，应该平静下来让头脑清醒；工作烦琐、情绪紧张时，要懂得把工作暂停一下，以便使情绪恢复镇定轻松。否则恐怕刚刚治好昏沉纷乱的毛病，便又处在左右为难、思绪摇摆不定的困扰中。

阅典笔记

工作要讲方法，有效率，不能认为整天忙忙碌碌就是有成绩。工作紧张而又条理清楚，收效显著才称得上有效率。所以一个人要学会自我调节，劳逸结合。一个人努力工作创造事业固然很重要，但不可过分劳累，过度紧张；否则把弦绷得太紧，就会有突然断裂的危险。人的情绪，必须随时作适当的调剂，既不可饱食终日无所事事，过分疏懒，也不可日夜不停，机械般做个不停。不会休息就不会工作，而那种处于昏昏然工作状态中的人，辛苦固然可叹，成效却不见得明显，有时还会适得其反。自己的脑子都不清醒，何谈事业？这是不足取的。

十

原典

毋因群疑而阻独见，毋任己意而废人言，毋私小惠而伤大体，毋借公论以快私情。

译文

不要因为大多数人都疑惑就放弃个人的独特见解，也不要因个人好恶而固执己见，忽视别人的忠实良言。不可因个人私利搞小恩小惠而伤害整体利益，更不可以借助社会大众的舆论来满足自己的私人愿望，发泄个人不满。

阅典笔记

事物总是相对的，什么事一旦过度便变质。人固然要有从善如流的习惯，但绝不是人云亦云。所谓“千人盲目一人明，众人皆醉我独醒”，有时真理还是在少数人手中，该坚持的原则决不可动摇。不过有时自己的见解也未必高明，那时就要本着谦逊的态度多听听人家的话。据现实而言，不可能有绝对的民主，也不可能什么事都按自己的意志办，必须经过公议，也必须有最后的决策者。但决策人要善于公正地吸取方方面面的意见，不存私心地采纳意见，这样最后的决策才可能正确、有见地。

十一

原典

青天白日的节义，自暗室漏屋中培来；旋乾转坤的经纶，自临深履薄处操出。

译文

青天白日一般光明磊落的人格和节操，是在暗室漏屋的艰苦环境中磨炼出来的；足可治国平天下的宏伟策略，是从小心谨慎地做事中磨炼出来的。

阅典笔记

俗话说“滴水穿石”，英雄大业不是一蹴而就的，不经一番寒彻骨，哪有腊梅扑鼻香！成大功立大业，都得经过艰苦恶劣环境中的奋斗。一个有远大志向的人仅仅接受磨难是不够的，因为受磨难和受得了磨难的人很多，却不是每个人都可以成为英雄。他们的事业绝对不是在粗心大意中完成的，而都是抱着“如临深渊，如履薄冰”那样的战战兢兢的谨慎态度，一点一滴累积起来的。因此，胸怀的博大宽厚、光明磊落，细节的点滴积累，大事的眼光长远，加上坚强的意志、完善的人格，就可以为自己事业的成功奠定下厚实的基石。

十二

原典

功过不容少混，混则人怀惰隳之心；恩仇不可太明，明则人起携贰之志。

译文

对于功劳和过失，不可有一点模糊不清，功过不明就会使人心灰意懒而不肯上进；对于恩惠和仇恨，不可表现得太鲜明，假如对恩仇太鲜明就容易使人产生疑心而发生背叛。

阅典笔记

一个人尤其是领导别人的人，在待人方法上有两条原则，即对人要功过清楚，赏罚分明；对己则恩仇勿显，免去猜疑。从领导者角度来讲，固然需要“恩威并用”，同时必须功赏过罚。赏罚是使人努力的诱因，一个丧失工作诱因的人，他的工作情绪必然不会高昂。假如是一两个人这样还不要紧，万一群体也如此，这个集体乃至社会必然要陷于不进步的停顿状态，所以赏罚又是促进整个社会进步的一大动力。历朝皇帝打天下，哪一个不是以论功行赏作为调动文臣武将积极性的手段呢？就现实生活中的人来讲，不论是做官还是一般人的交际，都需要克己，需要讲究方式方法。恩怨分明本是做人的原则，但在这里需要忍耐，其目的就是分清功过而勿显己之恩仇，以便使大家能为一种共同的事业团结一致。

十三

原典

爵位不宜太盛，太盛则危；能事不宜尽毕，尽毕则衰；行谊不宜过高，过高则谤兴而毁来。

译文

官位不宜太高，权势不应太盛，如果太高太盛就会使自己陷于危险状态；一个人的才干不应一下子都发挥出来，如果都发挥出来就会处于衰落状态；一个人的品德行为不可以标榜过高，如果太高就会招来毁谤和中伤。

阅典笔记

任何事都有个度，“官大担险，树大招风”，“否极泰来”，“物极必反”，都说明了这个道理。一个人的爵禄官位到了一定程度就必须急流勇退，古代开国功臣大多被杀的一个很重要的原因就在于不能急流勇退。可惜很多人不懂这个道理。最典型的例子是汉初三杰，帮刘邦打下天下后，结局各不相同，因此司马光才很感慨地说："萧何系狱，韩信诛夷，子房托于神仙。"其实，何止在做官上应知进退，其他事同样应知进退、深浅。人和人只要在一起就会产生矛盾，因利益之急，因嫉妒之心，因地位之悬，因才能之较，都可能结仇生怨。故做人处事最重要的是把握好尺度。

十四

原典

德者，才之主；才者，德之奴。有才无德，如家无主而奴用事矣，几何不魍魉猖狂？

译文

品德是才学的主人，而才学不过是品德的奴隶。一个人假如只有才干学识却没有品德修养，就等于一个家庭没有主人而奴隶当家了，这又哪能不使家中遭受鬼怪肆意侵害呢？

阅典笔记

品德需要意志长久磨炼，需要静心思考体味，需要在生活中慢慢养成。

品德因磨炼而来，在最关键的时候才会表现出品德的高低。但是生活中人们不重视品德的事很多，人们更重视的是眼前的利益。其实人不仅要培养自己的才智，还要修养自己的品德，两者都极重要，缺一不可。商品社会人们的道德水准似乎在下降，但社会对个人的品德要求却越来越高，如诚信、意志、忠恕等等。一个人恃才傲物，就是没有品德修养的明证。有的人喜欢猜忌，有的人喜欢窥探别人的隐私，有的人喜欢两面三刀，等等。这样的人再有才能，谁又敢放心地使用呢？

十五

原典

锄奸杜倖，要放他一条去路。若使之一无所容，譬如塞鼠穴者，一切去路都塞尽，则一切好物俱咬破矣。

译文

铲除邪恶之徒，杜绝投机取巧的小人，有时应给他们留一条改过自新的生路。如果逼得他们毫无立足之地，那就好像为了消灭一只老鼠，而把老鼠的一切逃路都堵死了，可是其他一切好东西却也都被老鼠咬坏了。

阅典笔记

“穷寇勿追”，是为了防止困兽之斗，垂死挣扎，适得其反吧。这不是说落水狗不能打，因坏人垂死或势败而可原谅其所恶。例如毒蛇有害，可对人类、对植物也有贡献。万物互相制衡，互相依存。人固然吃肉，可是牛羊也是依赖人类而生存。善恶不论在任何情况下都是相对的。恶尽，善也就不能成立了。“恶”要看到什么程度，是否非得采用根除方式。所以除恶的方式有很多，有快刀斩乱麻，有钝刀割肉，有只剔去恶处；既可以用非常外力加以根治，也可以到一定程度听其自灭，还可以放一条改过的生路。除恶如此，在待人的方法上也必须是具体问题具体分析。

十六

原典

当与人同过，不当与人同功，同功则相忌；可与人共患难，不可与人共安乐，安乐则相仇。

译文

应当有与人共同承担过失的雅量，不要有共享功劳的念头，因为共享功劳彼此就会互相猜忌；可以有与人共患难的胸襟，不要有跟人共安乐的贪心，因为安乐之中彼此容易互相仇视。

阅典笔记

从古到今，能够同享安乐、共受富贵的例子不多，倒是兄弟相煎、君臣猜杀、父子干戈的例子俯拾皆是。争杀的原因大都是为富贵、安乐而相仇。想想人生在世，不过短短数十寒暑，争名夺利的结果，到头来都不过是黄土一堆而已。谁都知道这个道理，所谓“旧时王谢堂前燕，飞入寻常百姓家”。功名富贵恰似过眼云烟，偏偏是当局者迷，不到盖棺难以清醒。人为什么只在患难之中才会团结呢？人在有过之时盼望别人的原谅，人在病中、在弱时盼望别人同情，可得势、强健时便忘乎所以。所以待人处世勿争，争则陷入一种自寻的烦恼之中，不争则是与人相安的一种方式。而且，欲为大事者，连世俗之利都看不透，何谈追求？

十七

原典

事业文章随身销毁，而精神万古如新；功名富贵逐世转移，而气节千载一日。君子信不当以彼易此也。

译文

一般来说，事业和文章会随着人的死亡而消失，只有伟大的精神万古不朽；功名利禄、富贵荣华会随着时代的变迁而转移，忠臣义士的志节却会永远留在人间。可见，一个君子绝对不可以放弃能留名青史的气节，去换取会“随身销毁”的东西。

阅典笔记

精神、志节不是空的，不能脱离一定的事而存在，青史留名的人其精神、志节往往是在一定的事中表现出来的。事业有大有小，有好有坏，坏人、小人也可以称自己的钻营为一种事业。造福万民的伟大事业，为一种善政德政而永垂不朽。同样，此处的“文章”也是指普通的毫无内容的文章，是抒发病态之情。咏风弄月、堆砌辞藻的作品。得以留传至今的经典之作，全靠薪火相传。司马迁曾有精辟的见解，他在《报任安书》中说：“古者富贵而名磨灭，不可胜记，唯倜傥非常之人称焉。盖文王拘而演《周易》;仲尼厄而作《春秋》；屈原放逐，乃赋《离骚》；左丘失明，厥有《国语》；孙子膑脚，《兵法》修列；不韦迁蜀，世传《吕览》；韩非囚秦，《说难》、《孤愤》；《诗》三百篇，大抵贤圣发愤之所为作也。此人皆意有所郁结，不得通其道，故述往事思来者，及如左丘无目，孙子断足，终不可用，退而论书策，以舒其愤，思垂空文以自见。”由此可见，一个人不论何时何地，都应保持一种高尚的品德、伟大的理想，使自己的事业充溢着伟大的精神，在实现理想中保持着如一的气节。所谓功名一时，富贵难久，而精神不死，气节千秋。

十八

原典

鱼网之设，鸿则罹其中；螳螂之贪，雀又乘其后。机里藏机，变外生变，智巧何足恃哉。

译文

本来是张网捕鱼，不料鸿雁竟碰上落在网中；贪婪的螳螂一心想吃眼前的蝉，不料后面却有一只黄雀想要吃它。可见，天地间的事太奥妙，玄机中还藏有玄机，变幻中又会发生另外的变幻，人对智慧、计谋又有什么可仗恃的呢?

阅典笔记

孔子主张“尽人事以听天命”。对于人来讲，不可知的东西太多了，许多事往往用尽心思仍一无所得。而在生活中，所谓“螳螂捕蝉，黄雀在后”的事太多了，“人为财死，鸟为食亡”的事更是俯拾皆是。任何事物都不是孤立存在的，往往一环套一环，牵一发而动全身。对于物欲的贪求，有时偏偏“有心栽花花不开，无心插柳柳成荫”；有的时候却是“机关算尽太聪明”，最终一无所得。当然，“智巧何足恃”并不是说人应任凭大自然摆布；一定要探索自然，克服天敌，进而认识掌握事物的变化周期和发展规律。

十九

原典

作人无点真恳念头，便成个花子，事事皆虚；涉世无段圆活机趣，便是个木人，处处有碍。

译文

做人没有一点真情实意，就会变成一个一无所有的乞丐，不论做任何事情都不踏实；一个人生活在世界上如果不懂得一点灵活应变的情趣，就像是一个没有生命的木头人，不论做任何事都会到处碰壁。

阅典笔记

华而不实的人可能会给人一个生动的印象，但绝不会长久；心地诚善的人或许不会给人以深刻的印象，但随着时间的推移，人们对他的信任感就越来越强。做事如果不诚恳，对方总认为你滑头滑脑，就不敢跟你一起作出任何重大决断，这样你就什么事也无法进行，当然也就谈不到创任何大事业，到头来必将一事无成。就是在竞争激烈的生意场中也讨厌不讲诚信的人。“诚信”是个首要原则。当然诚而善只是基础，办事还须灵活，尤其是对具体事物应有变通之法。待人上更要有人情味和幽默感，这样往往很严肃很尴尬的事，由于当事人富有幽默感，说上几句很逗趣的话，大家哈哈一笑，事情也办通了。有的事这样办不行换个方式就行，此时不行换个时间就成。尤其是现代社会，既要讲做人原则，也要重办事效率。

二十

原典

事有急之不白者，宽之或自明，毋躁急以速其忿；人有操之不从者，纵之或自化，毋躁切以益其顽。

译文

很多事情，越是急着想弄明白越难搞清楚，倒不如暂时放一放缓一下，也许头脑冷静之后事情自然就弄明白了；千万不可太急躁，以免增强情绪上的紧张感。很多人，指挥他他根本不愿服从，倒不如放松不管，让他自由发展，他也许会慢慢觉悟；千万不能操之过急，以免增强他的专横和固执。

阅典笔记

讲究办事效率的人爱讲立竿见影，追求实效的人爱强调欲速则不达，这是孔子讲的为政之道。生活中的处世待人同样如此，因为时间是消除偏见、误解，缓解紧张情绪的最好的催化剂。一个人不论做什么事，都不能操之过急，否则就会产生相反效果。就像梨子未熟非要摘下来尝尝，味道自然不好。办事要有诚心，还要有耐心；要有方法，还要看时机。

二十一

原典

交市人不如友山翁，谒朱门不如亲白屋。听街谈巷语，不如闻樵歌牧咏；谈今人失德过举，不如述古人嘉言懿行。

译文

交一个市井之人做朋友，不如交一个隐居山野的老人；巴结富贵豪门，不如亲近平民百姓。谈论街头巷尾的是非，不如多听一些樵夫的民谣和牧童的山歌；批评现代人的错误，不如多讲讲看看古圣先贤的格言善行。

阅典笔记

发思古之幽情、入自然之怀抱是人生的一大乐趣。听渔翁、樵夫歌，与世外高人交是雅士文人的一种追求，所谓修身养性。如果结交的是市井小人，所听的是追逐利益的俗事，如果整天奔走于富贵豪门之家，听到的都是功名利禄的权势之争，假如经常谈论左邻右舍的是非、昨日今日的闲言，那么心难静，气不顺，神不宁，心则何安？人不能逃避世事，不承担社会责任，但为大事者必须要有超脱世俗的心境，才可能修身养德，才可能为一展大志奋斗不息。

二十二

原典

前人云："抛却自家无尽藏，沿门持钵效贫儿。"又云："暴富贫儿休说梦，谁家灶里火无烟？"一箴自昧所有，一箴自夸所有，可为学问切戒。

译文

前人说："放弃自己家中的大量财富，却模仿穷人持钵乞讨。"又说："暴富的人，不要老向人家夸耀财富，其实哪家的炉灶不冒烟呢？"上面这两句谚语，一句是说自己看不见自己的所有，一句是说自己夸耀自己的暴富，这些都是做学问的人必须彻底戒除的。

阅典笔记

《佛学入门》说："佛在灵山莫远求，灵山只在汝心头。人人有座灵山塔，好在灵山塔下修。"心就是佛，每个人都具有佛性，应求诸内心而勿求诸外物。做人也是这样，人人都有自己的良知，而古圣先贤只在自己内心求道，修心养性的能力超人。可惜很多人不自知不自修，“抛却自家无尽藏”。做事做学问的人更要以不自夸不自满为戒，不能只追求形式上的完美而忽视实质上的成效，不能妄想走捷径搞短平快而忽视扎实刻苦的基础，不能总想着外力作用而忘却自身努力的重要性。

二十三

原典

信人者，人未必尽诚，己则独诚矣；疑人者，人未必皆诈，己则先诈矣。

译文

一个肯信任别人的人，虽然别人未必全是诚实的，但是自己先做到了诚实；一个常怀疑别人的人，别人虽然未必都虚诈，但是自己却先成为虚诈的人。

阅典笔记

疑神疑鬼、不信任别人的人是成不了气候的。尤其是一个有创造大业雄心的人，在待人接物上必须出自真诚，注意“疑人莫用，用人莫疑”，使大家精诚合作。诚信是传统的做人原则之一，真诚待人终究会感动别人。但是真诚待人不是见什么人都把自己和盘托出，见了作奸犯科的歹徒也去真诚相待，期望以此感化他。如果人人这样，社会责任、法律义务谁来承担？故“诚”也是相对而不是绝对的。

二十四

原典

恩宜自淡而浓，先浓后淡者，人忘其惠；威宜自严而宽，先宽后严者，人怨其酷。

译文

施人恩惠要从淡薄逐渐浓厚，假如先浓厚后淡薄，就容易使人忘怀这种恩惠；树立威信要从严而逐渐变宽，假如先宽后严厉，那部属就会怨恨你冷酷无情。

阅典笔记

同时有两种食物，假如先吃美味佳肴，后吃粗茶淡饭就难以下咽；反之就觉得这餐饭吃得很香甜。当然这是在肚子饥饿的前提下。管理工作以及人际交往也应如此。常说“恩威并用”或“宽严兼施”,其实最理想的待人方法就是“先严而后宽”,“先淡而后浓”。当然浓淡、宽严的前提是真诚而不是虚伪。

二十五

原典

我贵而人奉之，奉此峨冠大带也;我贱而人侮之，侮此布衣草履也。然则原非奉我，我胡为喜？原非侮我，我胡为怒？

译文

我有权势人们就奉承我，这实际上是在奉承我的官位官服；我贫穷低贱人们就轻视我，是轻视我的布衣草鞋。既然如此，这些人原本不是奉承我，我为什么要高兴呢？原本不是轻视我，我又为什么要生气呢？

阅典笔记

对于人际间的炎凉冷热，的确要有些超然的态度。六祖惠能名谒云：“菩提本无树，明镜亦非台。本来无一物，何处惹尘埃。”人都是光身空手进入尘世的，假如能悟出这种道理，对人间事就会进入人我两空境界，对于世态变迁就会看得淡漠了。其实，去埋怨别人趋炎附势，看到别人见利忘义，也正说明自己名利之心未泯。有的人为陷入人际间的矛盾而苦恼，其实质是名利思想在作怪。抱着名利之心居官位，那么官位会成为众矢之的；抱着名利之心享富贵，那么富贵会成为烦恼之源。如果自己陷于名利场不能自拔，以为名利非我莫属，那么期望越高，失望会越大。

二十六

原典

无事时，心易昏冥，宜寂寂而照以惺惺；有事时，心易奔逸，宜惺惺而主以寂寂。

译文

平日闲居无事时，心情容易陷入迷乱，这时应用平静的心情来警觉地处理问题；有事忙碌时，感情容易陷入冲动，这时应利用理智、冷静的头脑加以控制。

阅典笔记

一个人生活中太闲易于懒散，懒而堕志，消磨心性；工作中太闲会生失落感而怨气多，由此变得没有朝气。可一个人太忙又容易冲动，处理事情难免欠妥。因此，人人都应当学会控制自己，多用脑子想而不是只凭一时的兴致去盲目蛮干，不能由于一时的冲动而坏了平生的追求。

二十七

原典

议事者身在事外，宜悉利害之情；任事者身居事中，当忘利害之虑。

译文

评论事物得失，以超然的身份置身事外，就能了解掌握事情的始末，通晓利害；反之，如果以当事人的身份置身事中，就要暂时忘怀个人的毁誉，才能专心策划并推动所担负的任务。

阅典笔记

“当局者迷，旁观者清”，可见要想对某事作公平的论断，就得超然事外，这样将会使自己的思路得以拓展。而有时迷于局内时，可以先放一放，别让思路限于一隅。可事情往往并不等你避开就劈天盖地而来，这时必须以清醒的头脑、公正的心态把个人的恩怨、毁誉放到一边，一心一意去把事情办好，为公众服务。

二十八

原典

士君子处权门要路，操履要严明，心气要和易，毋少随而近腥膻之党，亦毋过激而犯蜂虿之毒。

译文

君子身居政要地位，必须操守严谨，行为磊落，心境平和，气度宽宏，绝对不可接近或附和营私舞弊的奸邪之辈，也不要因偏激而激化矛盾，触怒那些阴险狠毒的宵小之徒。

阅典笔记

正与不正是对立的，清廉与腐化、真诚与奸邪是难以相容的。士君子以其高雅的风范、严正的操守自不屑于奸邪小人，也为此辈所不容。但仕途是人际倾轧最厉害的地方，鱼龙混杂，清浊同在，往往泾渭难以分清。尤其是为官之道，需要一套高超的为人处世的方法。政治本身是一种艺术，不会平衡协调矛盾，不能容忍难忍之事就不可能办好事情。权门要路当然不能让小人奸党占据而祸国殃民。而做官本身是需要消磨自己个性的，这当然不是说应当八面玲珑地成为政治舞台上的不倒翁，这种五朝元老的政客君子不屑一为。但做事不讲究方式方法，只知意气用事，这样往往会形成主观本意与客观效果难相一致的局面，有的时候不仅办不成事还要坏事，引起与主观想法不一致的结果。

二十九

原典

语云："登山耐侧路，踏雪耐危桥。"一"耐"字极有意味，如倾险之人情、坎坷之世道，若不得一"耐"字撑持过去，几何不堕入榛莽坑堑哉？

译文

俗语说："登山要耐得住斜坡上的考验，走雪路要耐得起过危桥的惊险。"可见这一个"耐"字具有深长意义，正像是险诈奸邪的人世情、坎坷不平的人生路，假如没有这一个"耐"字苦撑下去，有几个会不堕落到杂草丛生的深沟里呢？

阅典笔记

梅兰竹菊被称"四君子"，人们喜爱它们是因为它们耐得住寒，耐得住寂寞，耐得起风吹日晒。这种精神为人们所景仰，所企盼。只有经得起痛苦煎熬的人才能创造大事业，正如孟子说："天将降大任于斯人也，必先苦其心志，劳其筋骨，饿其体肤，空乏其身，行拂乱其所为，所以动心忍性，增益其所不能。"且不说立雄心大志，建丰功伟业，就是日常生活，平凡小事，又哪里有那么多顺心如意的事呢？哪里有那么多对路、可意的人呢？无一个“耐”字又怎生了得！要耐困苦，耐空寂，还得耐辛酸。

三十

原典

忙里要偷闲，须先向闲时讨个把柄；闹中要取静，须先从静处立个主宰。不然未有不因境而迁、随事而靡者。

译文

忙碌时，也要设法抽出一点空闲时间，让身心获得舒展，把要做的事先做一番规整，掌握要点。喧嚣中要保持冷静头脑，就必须在心情平静时事先有个主张。不然一旦遇到事情就会手忙脚乱，不知所措，随事盲目而行，往往事情又弄得一团糟。

阅典笔记

要做到临事不慌，就应当事先计划，静的时候要有主张，忙的时候要会求静，待人的道理也是这样。《中庸》说：“凡为天下国家有九经，所以行之者一也。凡事预则立，不预则废。言前定，则不跲；事前定，则不困；行前定，则不疚；道前定，则不穷。”待人做事要讲方法，保持心静，学会求静，深思熟虑是关键。

三十一

原典

不昧己心，不拂人情，不竭物力。三者可以为天地立心，为生民立命，为子孙造福。

译文

不蒙蔽自己的良心，不做不近人情的事情，不过分使用、浪费物力。假如能做到这三件事，就具备了为天地树立善良的心性、为万民创造不息的命脉、为后世子孙创下幸福基础的基本条件。

阅典笔记

古圣先贤有“内圣外王”之说。这也就是“先成己而后才能成物”的人生哲学。假如一个人连“不昧己心，不尽人情，不竭物力”的起码修养功夫都不具备，就谈不上“为天地立心，为生民立命，为往圣继绝学，为万世开太平”的大业，以古人此论推而广之，一个要在事业上有所作为的人，必须从自我修养做起。就是在日常生活中，人们应具备基本的道德修养，对传统的美德也应继承。人们的生活环境需要这样一种道德秩序，社会对人们的素质也有这样的要求以保证社会的安定、人际的和谐、人类的幸福。

三十二

原典

处富贵之地，要知贫贱的痛痒；当少壮之时，须念衰老的辛酸。

译文

当你居富拥贵时，你要了解贫贱人家的痛苦才行；当你年轻力壮时，应当想到年老体衰后的悲哀。

阅典笔记

陈胜没有称王的时候，曾和同伴相约：“苟富贵，毋相忘。”可陈胜真的富且贵的时候，就把这句话丢到脑后去了。贫穷和富贵是相对立的，从古到今，很多人一旦有了权势，便觉身价百倍，不思为民造福，忘却水能载舟也能覆舟的古训；有了财富，便显得趾高气扬，骄奢淫逸，仿佛自己的血统都比别人高贵了。在高贵时想不到贫穷，既难使富贵长久，也谈不上具备好的品德。一个人不管贫困还是富贵，都应珍惜时间，爱惜生命。“少年休笑白头翁，花开能有几日红”，可不敢“明日复明日，明日何其多”。要特别珍惜青春而顾念晚年的衰老生活。惜时如金是事业的最基本要求，否则，一生一事无成，老来不堪回首将何其凄凉。

三十三

原典

日既暮而犹烟霞绚烂，岁将晚而更橙橘芳馨，故末路晚年，君子更宜精神百倍。

译文

夕阳西下时天空所出现的晚霞是那么灿烂夺目，深秋季节金黄色的柑橘正在吐露扑鼻的芳香。所以到了晚年，君子更应振作精神奋发有为。

阅典笔记

人对一生习惯于分年龄段计算其作用，而现代社会更重视年轻人的闯劲，发挥其创造力，使老人问题成为社会问题，以致有人慨叹“人到中年万事休”。否认年龄差异，不讲生理机能之别不切实际，硬要说“人生七十才开始”的话，只能是从精神而言。每个年龄段都具有特定的意义，四五十岁的中年正是一个人奋发有为、创造事业的黄金时代；六七十岁的人可以其丰富的人生阅历、深厚的生活经验指导后来居上的人少走些弯路，避免不必要的挫折。“岁寒，而后知松柏之苍劲”，人到晚年固然有夕阳黄昏之叹，但“老当益壮”“老骥伏枥”之雄心更显得辉煌。人的一生，没有精神追求，即使是正当少年，但颓靡自堕，又有何用？有精神追求和理想抱负，即使在老年，却也生机勃勃，又何来“徒伤悲”之叹呢？

三十四

原典

鹰立如睡，虎行似病，正是它攫人噬人手段处。故君子要聪明不露，才华不逞，才有肩鸿任巨的力量。

译文

老鹰站在那像睡着了，老虎走路时像有病的样子，但这正是它们准备捉人吃人前的手段。所以，君子要做到不炫耀聪明，不显露才华，如此才能培养出肩负重大使命的毅力。

阅典笔记

老子说“大智若愚”，是说有大志向、大智慧的人无暇去忙世俗之事，表面看起来就是一副忠厚而愚的样子。常言道“一瓶子满，半瓶子醋晃荡”。一个有真才实学的人绝不会自我夸耀，因为他清楚学无止境；一个具有才华的人，最好是能保持深藏不露的态度，否则容易招致周围人们的忌恨。成大事者先得会保护自己，因此先人才有“良贾深藏若虚，君子盛德容貌若愚”的名言。何况，人的精力是有限的，忙于小便忽于大，贪得多便难以专。正因为如此，不露才华，不显聪明，才能为以后的大业积攒力量。

三十五

原典

饮宴之乐多，不是个好人家；声华之习胜，不是个好士子；名位之念重，不是个好臣士。

译文

经常宴饮作乐，不是一个正派人家；习惯于靡靡之音和华丽艳服，不是一个正派书生；名利权位观念太重，不是一个好官吏。

阅典笔记

子曰："君子食无求饱，居无求安，敏于事而慎于言，就有道而正焉，可谓好学也已。""士志于道，而耻恶衣恶食，未足与议也。"一个有志于学业、有为于未来的人，在享乐上过于贪图，在名位上太过看重是难以有所成就的。人的品性修养要在各个方面体现出来，不论是读书求知，居官从政，或是日常生活，只为追求私欲的满足，达到私心的要求，必然有损于集体，有损于公德。其最终结果是败坏自己的形象。而热衷于饮宴声乐之辈，必然轻浮；一门心思在名利场钻营，定然不会是为民造福、坚持正确原则的人。

三十六

原 典

世人以心肯处为乐，却被乐心引在苦处；达士以心拂处为乐，终为苦心换得乐来。

译 文

世人都认为能满足心愿就是快乐，可这种愿望常常被快乐引诱到痛苦中；达士平日能忍受各种横逆不如意的折磨，在各种磨炼中享受奋斗抗争之乐，最终换来真快乐。

阅典笔记

一个人的成功，可以从恶劣环境中奋发而来，所谓"十年寒窗无人问，一举成名天下知"，苦尽而甘来，足以享受成功的喜悦；也可以在顺境中不知满足，不断求进。逆与顺是相对的，逆境中条件艰难，需要不气馁；顺境中谨防止步不前，需要不自满。只有不自满，为志向而奋发，才会有抗争之乐，否则就会由顺境转向逆境，乐极而生悲。

三十七

原典

冷眼观人，冷耳听语，冷情当感，冷心思理。

译文

要用冷静的眼光观察人，用兼听的耳朵听别人的话，用冷静的心情处理感情，用冷静的头脑去思考其中的道理。

阅典笔记

古人强调的“忍”“恕”等等修身之道无不和“冷”带些关系，因为只有情冷才能心静。常言“万物静观皆自得”，热情如火可以给人以生命力和无限温暖，但是冷静如水却有助于思考精深，判断准确。一个成熟的人待人是冷静的，处世是现实的，这样遇事才不会因感情冲动而不知所措，做事才会有条不紊。而观察人则是一门高深的学问，需要一个很长的了解过程，孔子主张“视其所以，观其所由，察其所安”。没有一个冷静的心态，理智思维是难以建立起来的。

三十八

原典

闻恶不可就恶，恐为谗夫泄怒；闻善不可急亲，恐引奸人进身。

译文

听到谁说人家有过错或做了坏事，不可信以为真马上就起厌恶之心，必须经过自己一番冷静的观察，这样就可以判断是否是进谗小人的诬陷泄愤；听到谁赞扬某人有善行做了好事，也不要立刻就相信，去亲近他，必须经过自己一番冷静的观察，以免被那些奸人作为谋官求职的手段而引狼入室。

阅典笔记

生活中，工作上常见一些人爱打听是是非非，喜欢听信别人说某某如何，形成是非小人、长舌妇人生存的环境。对于一个在事业上想有作为的人来讲，这是大忌。孟子在识别人才的方法上有段名言："左右皆曰贤未可也，诸大夫皆曰贤未可也，国人皆曰贤然后察之，见贤焉然后用之；左右皆曰可杀勿听，诸大夫皆曰可杀勿听，国人皆曰可杀然后察之，见可杀焉然后杀之，故曰国人杀之也。"人生在世欲有所为，不论是从政还是经商，首要问题是识人用才；而识人用才的关键是自己有标准善恶、立场原则，自己去观察、思考，才不致人云亦云，宠信奸小。

三十九

原典

性躁心粗者一事无成，心和气平者百福自集。

译文

性情急躁、粗心大意的人，做什么都不容易成功以致一事无成；性情温和、心绪平静的人，往往各种福分会自然到来。

阅典笔记

《大学》中所说的"定而后能静，静而后能安，安而后能虑，虑而后能得"，这里的定、静、安、虑、得就是训练和要求一个人遇事宜心平，做事宜气和。一个平心静气的人由于思考得周详，做事当然不会盲目乱撞，避免不知所措的现象出现。一个心浮气躁的人由于不能深思熟虑，往往会使所进行的事功败垂成。所以必须磨炼“智欲圆而行欲方，胆欲大而心欲细”的修养功夫，胆大心细的人才不致一事无成。做事如此，待人同样是这个道理。只要冷静观察，自然相处，不强求，自然就无烦恼。

四十

原典

用人不宜刻，刻则思效者去；交友不宜滥，滥则贡谀者来。

译文

用人要宽厚而不可太刻薄，太刻薄就会使想为你效力的人离去；交友不可太多太浮，如果这样，那些善于逢迎献媚的人就会设法接近你，来到你的身边。

阅典笔记

孔子把朋友分成两大类，一种是益友，一种是损友。孔子说：“益者三友，损者三友。友直，友谅，友多闻，益矣；友便辟，友善柔，友便佞，损矣。”交友宜交益人，恶人岂能称友？高山流水，难得知音，以致知音成为后人择友时的一个向往。许多人吃吃喝喝便以为友至矣，这样是没有真朋友的。故俗语有“酒肉朋友不可交”的说法。交友不可滥，待人用人不能刻薄。尤其一些有点权力的人，往往既出于公心，又刻薄待人：办事往往以为只有自己正确，待人总是按我之要求，还偏生说是为公，实际上是不懂得尊重人，不知道怎样用人。这样做只会成事不足败事有余，哪里还谈得上为公？

明德篇

一

原典

士大夫居官不可竿牍无节，要使人难见，以杜幸端；居乡不可崖岸太高，要使人易见，以敦旧好。

译文

一个人做官的时候，对于求荐的书信不能无节制地延揽接待，对人要保持一种严肃恭谨的态度，对于有所求的人要尽量少接见。一旦去官闲居田园乡间以后，就不能再摆那种高不可攀的官架子，平日跟家乡父老应表现出和蔼可亲的态度，以便敦睦乡邻的感情。

阅典笔记

一个人的品质、气节在什么地方都要保持，而待人的态度却应随条件变化而调整。在朝为官因为手中有权，如果不使权力有一定威严，却去大开方便之门，就很容易使权力变成结党营私、贪污腐化的砝码。关于在朝为官和退休乡居的应有态度，《论语 · 乡党》篇中说："孔子于乡党，恂恂如也，似不能言者。其在宗庙朝廷，便便言，唯谨尔。朝，与下大夫言，侃侃如也；与上大夫言，訚訚如也。君在，椒错如也，与与如也。"在什么位置说什么话，在官谋政事；闲居后，在山野父老面前或故作高深，或自持清高，或自我吹嘘，这都是把自己放在过去的回忆中而不能面对眼前，不能摆正自己的位子，很快就会与人隔绝，产生失落感。实质上，这和个人的品德修养有关。只有热衷于功名、死握住权力不放的人，才会闲居时因失落而自我封闭。

二

原典

事稍拂逆，便思不如我的人，则怨尤自消；心稍怠荒，便思胜似我的人，则精神自奋。

译文

事业稍不如意而处于逆境时，就应想想那些不如自己的人，这样怨天尤人的情绪会自然消失；事业顺心而精神出现松懈时，要想想比我更强的人，那你的精神就自然会振奋起来。

阅典笔记

做事业没有总是一帆风顺的，虽然一帆风顺是人们的愿望，却不符合事物的发展规律。事业上选一个参照物是决定进退的重要因素。遇到挫折就怨天尤人，绝难成事，这时应调整一下心态，观察一下得失，可能会发现有很多人的景况还远远不如我，利于恢复信心而不颓唐。而成功时容易自满以致腐化堕落，这时应当记住“逆水行舟，不进则退”“心如平原纵马，易放难收”的道理，不自满不自堕而向上看齐。事业上没有向上之心难以向上，生活上却不能如此，因为更多地向上看齐容易使人走向庸俗而无事业心可言。

三

原典

不可乘喜而轻诺，不可因醉而生嗔；不可乘快而多事，不可因倦而鲜终。

译文

不要趁着高兴就对人随便许下诺言，不要在醉酒时不加控制乱发脾气。不要趁着一时称心如意就不加检点，惹是生非；不要因为疲劳疏懒而有始无终，半途而废。

阅典笔记

人有很多毛病往往是不自觉的。高兴时有求必应，轻诺寡信，于是奸小之辈往往投其所好，察其所喜，并有意制造一个让人高兴的环境，通过各种手段来等待“轻诺”。借酒发疯，是一种失控的表现，是有德之人所不为的。

由于失控，就必然失言，以致酒后无德。人在权势头上、富贵乡中往往说话一无遮拦，财大气粗，摆不正自己的位子，忘记应尊重、理解别人，忘记应收敛、检点自己。炙手可热，得意忘形，实际上是做人不成熟的表现。有的做事有始无终，畏难而退，虎头蛇尾，终究将一事无成。待人行事宜言而有信，恒心如一。

四

原典

至人何思何虑，愚人不识不知，可与论学亦可与建功。唯中才的人，多一番思虑知识，便多一番臆度猜疑，事事难与下手。

译文

智慧、道德都超越凡人的人，他们心胸开阔，对任何事物都无忧无虑；天赋愚鲁的人，想得少，知道得不多，脑中一片空白，遇事也就不懂得勾心斗角。这两种人既可以和他们讲学问，也可以和他们共建功业。唯独那些天赋中等的人，智慧虽然不高却什么都懂一点，这种人遇事考虑最多，猜疑心也极重，所以什么事都难以和他们合作完成。

阅典笔记

从选择合作伙伴的角度来看，这段话很有道理。人的智力有高下，每个人学有所专，事有所长，除了自暴自弃的人难以改变外，只要愿意努力做事，人人都可以发挥其专长。但那种什么都知道一点又不求甚解、什么事都只想自己不想别人的人确难和他们合作。这种人对什么事都好猜疑，无远见卓识。与其如此，倒不如选择有专长的专门之才，或者是选择从头学起、易于接受新事物的人合作，以保证合作的可能、事业的成功。

五

原典

口乃心之门，守口不密，泄尽真机；意乃心之足，防意不严，走尽邪蹊。

译文

口是心灵的大门，假如大门防守不严，内中机密就会全部被泄露；意志是心的双脚，意志不坚定，就可能会走入邪路。

阅典笔记

每个人都有自己的隐私，不愿人知；每个人都有自己的想法，不为人知。但事情往往从自己的言行中露出。有时你认为信得过的人可能偏偏与你不善；眼下是你的知己，随事物变化就有可能为敌。故有“病从口入，祸从口出”的名谚。处世必须做到“隔墙有耳，守口如瓶”。守口是需要意志来磨炼的，因为以“好说”来表达思想、表现才能本是人的一种需求，由好说到守口如瓶，没有控制自己的坚强意志是很难做到的。岂止是如此，意志不坚定更是一个人创业的大敌。克服各种困难要有意志，战胜私心杂念同样需要意志。坚定意志才不致误入歧途。

六

原典

人肯当下休，便当下了。若要寻个歇处，则婚嫁虽完，事亦不少；僧道虽好，心亦不了。前人云："如今休去便休去，若觅了时无了时。"见之卓矣。

译文

人做事，应罢手时就要下定决心结束，假如犹疑不决想找个好时机，那就像男女结婚，虽然完成了终身大事，以后家务和夫妻儿女之间的问题还很多。人们别以为和尚、道士好当，其实他们的七情六欲也未必全除。古人说得好："现在能罢休就赶紧罢休，如果说找个机会罢休，恐怕就没了罢休的机会。"这真是一句极高明的见解。

阅典笔记

当断则断，丈夫所为；犹豫不决，儿女情长，又哪是成事气象？做事即如此。名利头上急流勇退更难，又有多少人能像陶渊明那样不恋功名而毅然回归田园？例如他在《归去来辞》中说："归去来兮，田园将芜，胡不归？既自以心为形役，奚惆怅而独悲！悟已往之不谏，知来者之可追。实迷途其未远，觉今是而昨非。"张良以勇退而全身，韩信因恋功而被杀。后人很钦佩陶渊明不为五斗米折腰的精神，很欣赏张良看得破眼前而退隐山野的选择，但轮到自己又当何如？得休便休，当机立断；犹豫留恋，了时无了。

七

原典

都来眼前事，知足者仙境，不知足者凡境；总出世上因，善用者生机，不善用者杀机。

译文

对现实生活环境中的事物感到满足的人就会享受神仙一般的快乐，感到不满足的人就摆脱不了庸俗的困境。事物总是由因缘和合而生，假如能善于运用就处处充满生机，不善运用就处处充满危机。

阅典笔记

人不可能也不会安于贫穷，精神食粮是不能填饱肚子的。可一个人不论拥有多少财富，假如不知满足，永远生活在争权夺利中，那种奔波忙碌的情景与为生活苦苦挣扎的穷人并无差别。要想真正享受人生乐趣，应当有知足常乐的思想。

所以，老子说："知人者智，自知者明；胜人者有力；自胜者强，知足者富，强行者有志；不失其所者久，死而不亡者寿。"人的有限生命应该被用到对人类有益的事业中去，在这样的事业中去发挥才智，展现能力。这样比起那些在功名富贵中拼杀的人来说，真不知要强过多少倍。

八

原典

争先的径路窄，退后一步自宽平一步；浓艳的滋味短，清淡一分自悠长一分。

译文

争强好胜，道路就觉得很窄，假如能退后一步，自然觉得路面宽平很多；太过浓艳的味道是短暂的，若能清淡一分便会觉得滋味历久弥香。

阅典笔记

假如世人都能抱有这种"退步宽平，清淡悠久"的人生观，人与人之间就不会有这么多纠纷了。但事实上很难，因为好胜之心人皆有之。这就存在一个适时的问题，即在什么样的条件下应该争胜，什么样的情况下应该退让。做人贵在自然，做事不可强求，在大是大非面前，在天下兴亡的大义面前，不争何待？在名利场中，在富贵乡中，在人际是非面前，退一步让一下有何不好？

九

原典

进步处便思退步，庶免触藩之祸；著手时先图放手，才脱骑虎之危。

译文

事业顺利进展时，应该有一个抽身隐退的准备，以免将来像山羊角夹在篱笆里一般，把自己弄得进退两难；刚开始做一件事时，就要预先策划好在什么情况下应该罢手，不至于以后像骑在老虎身上一样，无法控制形成的局面。

阅典笔记

悬崖勒马、江心补漏固然是对危局的补救措施，但毕竟已处于进退两难的尴尬境地；骑虎之势已成，世事不由自己，至此悔恨都已晚矣。假如人凡事都驽马恋栈，不能在权势头上猛退，到头来难免像山羊触藩一般弄得灾祸缠身。做事要胸中有数，不要贪恋功名利禄，不要做无准备之事；做事要随机应变，随势之迁而调整。做事是为了成事，一股劲猛进不可取，犹犹豫豫也不可取；应当知进知退，有张有弛，居安思危，处进思退，这才是行事的方法。

十

原典

时当喧杂，则平日所记忆者，皆漫然忘去；境在清宁，则夙昔所遗忘者，又恍尔现前。可见静躁稍分，昏明顿异也。

译文

每当周围环境喧嚣杂乱使心情浮躁时，平日所记忆的事物，就会忘得一干二净；每当周围环境安静使心神平和时，以前所遗忘的事物又会忽然浮现在眼前。可见，浮躁和宁静只要有一点点的区分，那么昏暗和明朗就会全然不同。

阅典笔记

有句俗话叫“心静自然凉”，这对于一个人的心态调整来讲同样适用。在嘈杂的环境中，人的情绪易受波动，脑子不太清明。这时就需要调节自己。心情平静，精神自然集中；精神集中，思考自然周密。所以，人应当不以物喜，不以己悲，不可拂意则忧，匝意则喜，志得则扬，志阻则馁，七情交逞，此心何时安宁？不能控制自己的情绪，是无法成就事业的。

十一

原典

热闹中著一冷眼，便省许多苦心思；冷落处存一热心，便得许多真趣味。

译文

在熙熙攘攘的人群之中，假如能冷静观察事物的变化，就可以减少很多不必要的心思；一个人穷困潦倒不得意时，仍能保持一股向上的精神，就可以获得很多真正的生活乐趣。

阅典笔记

事物总是辩证的，释家的出世、老庄的无为，固然是为了寻求一种心理的安宁、气质的超脱，但如果到了与世隔绝、不食人间烟火的地步，自己未必快乐，却被别人视为怪物。所以人对世事不可太激进走极端，否则会为自己带来痛苦，也会为众人造成灾害，也就是儒家所说的“过犹不及”。“闹中取静，冷处热心”，就是成功时要想到失败，失败时要保留奋争精神，这实际上是一种明智的进取。

十二

原典

有一乐境界，就有一不乐的相对待；有一好光景，就有一不好的相乘除。只是寻常家饭，素位风光，才是个安乐的窝巢。

译文

有一个快乐的境界，就有一个不快乐的事物相对应；有一个美好的光景，就有一个不好的风光来抵消。可见，有乐必有苦，有好必有坏，只有平平常常安分守己才是快乐的根本。

阅典笔记

看事物如果用些辩证的方法，就不容易走极端；因为任何事只要过了度就会发生质变。明白凡事都有它相对应的一面，也就明白了苦与乐、利与害、高与下不会绝对不变。经过狂风巨浪的人，才能领略出风平浪静的安宁；从痛苦中奋斗得来的快乐，才能使人体会到真正的乐趣。做一个平凡却又品德高尚、无私欲扰乱心性的人，才能体会到生活的充实和洒脱。

十三

原典

林间松韵，石上泉声，静里听来，识天地自然鸣佩；草际烟光，水心云影，闲中观去，见乾坤最上文章。

译文

山林松涛阵阵，一派自然音韵；飞瀑溅落岩石，声声击磬鸣玉——静心倾听，就能体会天地间所奏乐章的美妙。江边芦苇，飘荡出一种迷蒙的美感；天空彩云倒映水中，显得特别绚烂——闲情欣赏，就能发现造物者所创造的伟大篇章。

阅典笔记

文人雅士与世俗凡夫之别首先在于对自然风光的理解，对湖光山色的情趣。有人说，俗人脑中充满物欲，雅士心中充满恬淡。这话比较绝对，所以仿佛山川林泉在俗人眼中了无趣味，在雅士看来却到处充满了诗情画意。俗人如此，其实有文化情趣的人也未必领略得到自然的风光。有的人知道琴瑟笙管是乐器，却不知道松韵泉声是乐章；知道用笔墨写在纸上的是文章，却不知道烟光云影到处都是造物者所作的文章。人贵自然，首先得学会观察自然，领悟其中妙趣并融会贯通，那么境界便豁然开朗，格调会自然优雅。

十四

原典

伏久者飞必高，开先者谢独早。知此，可以免蹭蹬之忧，可以消躁急之念。

译文

隐伏很久的鸟，飞起来会飞得很高；开得早的花，也必然谢得快。人只要能明白这个道理，就可以免除怀才不遇的忧虑，也可以消解急于求取功名利禄的念头。

阅典笔记

一个有事业心的人，必须学会等待时机。儒家典型的处世原则是“穷则独善其身，达则兼济天下”。要想成就一番事业，就不能因为自己眼下的处境、地位不如意而丧志，不能因为时间的消磨而灰心。古往今来功成名就者，有少年英雄，也有大器晚成。不管怎样，急于露头角就难以成气候，急功近利不足成大事，急躁持久便容易患得患失，容易失望悲观。只有守正而待时，善于抓住机会而又坚定志向，才有可能走向成功。

十五

原典

今人专求无念，而终不可无。只是前念不滞，后念不迎，但将现在的随缘打发得去，自然渐渐入无。

译文

如今的人一心想要做到心中没有杂念，却始终做不到。其实只要使以前的旧念头不存心中，对于未来的事情也不必去忧虑，而正确把握现实做好目前的事，自然就会使杂念慢慢消除。

阅典笔记

做事抱什么态度才能无烦恼呢？某些人一旦生活不如意就怨天尤人，悔恨过去，不满现实，梦想将来。这种人的眼光总放在对以后的憧憬上，而把握不了眼前。其实过去的永远过去了，对未来固然需要策划乃至憧憬，关键还是从眼前做起。随缘打发，把握机会，从头开始，才能使过去的辉煌依旧，或者让过去的失败作为教训鞭策今后。满脑子都是沮丧、懊悔和不满的念头，心不静、气不宁，六神无主，待人做事没了主张，又何谈事业？

十六

原典

天地中万物，人伦中万情，世界中万事，以俗眼观，纷纷各异，以道眼观，种种是常，何须分别？何须取舍？

译文

天地间的万物，人与人之间的错综复杂的感情，以及世上不断发生的事情，如果用世俗眼光去观察就会感到变幻不定，头昏目眩；如果用超世俗眼光去观察事物，就会发现其本质永恒不变。可见，不论对人对物或对事，只要能本着大公无私的平等态度去对待，又何必要有分别、取舍呢？

阅典笔记

世上事不可能是一成不变的，因为事物总在不断发展变化，总在产生、死亡。这不是道眼或俗眼所能否定得了的东西。曾子所著的《大学》一书，专谈人生哲学中修养心性的功夫，并订出一套严整的程序，告诉世人修养心性须从“定”字入手。因为精神稳定情绪才能均衡，情绪均衡才能心静，心静才能心安，心安才能思考，思考才能有心得。定、静、安、虑、得成为修身养性的一个循环过程，其本身也是处于不断变化之中。如果否认事物在纷乱中的变化，就无须定静安虑而有所得了。所谓“得”就是达到一种相对静止状态，发现了事物变化的规律，而不为人间万象、世事纷乱所迷惑。故凡俗差别，在于能否认清事物的本来面目。

十七

原典

缠脱只在自心，心了则屠肆糟廛，居然净土。不然，纵一琴一鹤，一花一卉，嗜好虽清，魔障终在。语云：“能休尘境为真境，未了僧家是俗家。”信夫！

译文

一个人能否摆脱烦恼的困扰，取决于自己的意志。只要你内心清净，了无杂念介入，即使生活在屠宰场、餐饮店中也觉得是一片净土。反之，即使你手持一琴一鹤，而且屋里屋外花香卉奇，可内心不能安静，苦恼仍然会困扰你。所以佛家说："能摆脱尘世的困扰就等于到达真实境界，否则即使住僧院里却和俗人没什么区别。"这的确是一句至理名言。

阅典笔记

世俗的烦恼，或者净土的快乐，关键在于一念。只要自己能大彻大悟，即使是置身屠宰场，也跟住在极乐净土一般。佛教史上成佛的人未必都在僧院，普渡众生、教化世人的高僧更不可能总在净土。把这个道理引申到世俗生活，说明一个人做什么事不能只求形式上的完善，关键是思想上是否达到标准，实际结果是否符合要求。遇到困难往往在一念之间决定进退，所以平时需要锻炼意志，关键时刻才不致松劲泄气。

十八

原典

文以拙进，道以拙成，一拙字有无限意味。如桃源犬吠，桑间鸡鸣，何等淳庞。至于寒潭之月，古木之鸦，工巧中便觉有衰飒气象矣。

译文

不论做学问或写文章都要用质拙的方法才有进步，尤其是修养品德必须一本求实的态度才有成就，可见"拙"字含有无穷奥义。恰如桃花源中的狗叫，阡陌间的鸡鸣，这该是一种多么淳朴的风俗。至于冷潭中所映出的月影，古树上所落下的乌鸦，表面看来充满诗情画意，实际上却显示出萧瑟凄凉的景象。

阅典笔记

古谚有"自古巧物不坚牢，彩云易散琉璃脆"。虽然寒潭之月和古木之鸦看似天工弄巧，实际却现出萧瑟景象。中国人的传统习惯是“巧者不坚，拙者永固”、“读书之乐无巧门，不在聪明只在勤”。老子有“巧为拙之奴”、“拙能制巧”的说法，也就是说明了物极必反之理。因为文章做到了极致，反而变得无话可说，“江郎才尽”，“弄巧成拙”。禅宗有句名言“悟了等于未悟”，也说明巧拙循环相对之理。做什么事都不应耍小聪明，卖弄自己的技能，尤其要拙，即质朴、手勤，才是成就事业的基础。

十九

原典

以我转物者，得固不喜，失亦不忧，天地尽属逍遥；以物役我者，逆固生憎，顺亦生爱，一毫便生缠缚。

译文

能以我为中心来操纵一切事物的人，成功了固然不觉得高兴，失败了也不至于忧愁，因为广阔无边的天地到处都可自在悠游；以物为中心而受物欲所奴役的人，遭遇逆境时心中固然产生怨恨，处于顺境时却又产生不舍之心，些许小事便使身心受到困扰。

阅典笔记

在一定条件下，以我为中心，由我的精神力量主宰一定的时间空间是完全可能的。这样万物为我所用，失去了一物可另取一物，失败了一事可另创一事，海阔天空，无忧无虑。反之，以物为中心的人就易患得患失，对任何事胸襟都不够开朗，结果弄得事事局促，处处龌龊，守财奴就是典型。比如写字、作画、习文、著书，这些精神领域的活动都需要以我为主宰的精神来把握，才能得心应手，下笔如有神。

二十

原典

遇病而后思强之为宝，处乱而后思平之为福，非蚤智也；幸福而先知其为祸之本，贪生而先知其为死之因，其卓见乎。

译文

一个人只有在生过病之后才能体会出健康的可贵，遭遇变乱之后才会思念太平的幸福，其实这都不是什么有远见的智慧；能预先知道侥幸获得的幸福是灾祸的根源，既爱惜生命而又能明白有生必有死之理，才算是超凡之人。

阅典笔记

一个人的智慧在于其洞察力，即事先能预测事物的发展变化，要善于总结得失而不充当事后诸葛。一叶落知天下秋，“福兮祸所伏，祸兮福所倚”，说明了对事物要有先见之明，不能糊糊涂涂做人，浑浑噩噩混世。把生与死的道理看破，把成与败的因果看清，才能潇洒于世。

二十一

原典

绳锯木断，水滴石穿，学道者须加力索；水到渠成，瓜熟蒂落，得道者一任天机。

译文

把绳索当锯子摩擦久了可锯断木头，水滴落在石头上时间一久就可贯通坚石，做学问的人也要努力用功才能有所成就；各方细水汇集在一起自然能形成一道细流，瓜果成熟之后自然会脱离枝蔓而掉落，修行学道的人也要听任自然才能获得正果。

阅典笔记

治学、治家、做事业都有两条基本原则要遵循：一是要善于等待机会，不断充实自己而不是强求，不能抱一蹴而就的思想；二是要勤于积累，不断充实自己，如果自己没有水平，机会来了，就没有条件去把握。积累就得勤学。历史上勤学苦练的事太多了，头悬梁、锥刺骨的故事代代相传。传说李白少年求学，遇一老人在磨铁杵，要把铁杵磨成针，李白奇怪地问原因，老人很自信地说："只要工夫深，铁杵磨成针。"李白由此得到启发。至于愚公移山的寓言，人们更加熟悉。这都在说明"绳锯木断，水滴石穿"的道理。

二十二

原典

草木才零落，便露萌颖于根底；时序虽凝寒，终回阳气于飞灰。肃杀之中，生生之意常为之生，即是可以见天地之心。

译文

花草树木刚刚凋谢，下一代新芽已经从根部长出；节气刚演变成寒冬季节，温暖的阳春就行将到来。当万物到了飘零枯萎季节，暗中却隐藏绵延不绝的蓬勃生机。在这种生生不息之中，可以看出天地的好生之德。

阅典笔记

常言道"有生必有死，有死必有生"，天地万物就是如此生生不息。生死循环，相替而出。万物还没有诞生，然而生机已经孕育其内了。明白这样一个循环的规律，就足以知晓行事的法则。万物在枯萎之中尚存有生生不息之机，我们对事物就不该徒重外表形式，做事更不应以一时的成败定结局。事物总在变化之中，一个人要善于思考与研究事物的变化，善于抓住和把握变化的机遇，而不必因一时一事的失误止步不前。

二十三

原典

人生太闲，则别念窃生；太忙，则真性不现。故士君子不可不抱身心之忧，亦不可不耽风月之趣。

译文

一个人整天太闲，一切杂念就会在暗中悄悄出现；整天奔波劳碌不堪，又会使人丧失纯真的本性。所以大凡一个有才德的君子，既不愿使身心过度疲劳，也不愿整天沉迷在声色犬马的享乐中。

阅典笔记

每个人都有自己对事业的理解。不想做一点事，只想过“饭来张口，衣来伸手”那种寄生虫生活的人少之又少，这种像植物人一样的人是难以生存的。人不可能什么也不做。反过来，人们都有一种生活体验，长久无所事事是很痛苦的。但是也不可以过于劳碌，否则就等于给自己当奴隶牛马，而丧失了人生应有的乐趣。这种既不可不闲，又不可太忙的生活原则，从另一个角度来理解，就是劳逸结合。凡是与自己情趣、追求无关的事可以放一放，闲一闲；凡是和自己追求有关的事就要紧一紧，不停手地去做。一张一弛，才能忙闲结合。

二十四

原典

子生而母危，镪积而盗窥，何喜非忧也；贫可以节用，病可以保身，

何忧非喜也。故达人当顺逆一视，而欣戚两忘。

译文

就母亲来说，生孩子是一件很危险的事；积蓄金钱，却容易引起盗匪的窥探。可见值得高兴的事都附带有危险。贫穷可以逼使人勤俭，疾病可使人学会保养身体的方法，可见任何值得忧虑的事也都伴随着欢乐。所以一个心胸开阔的人，总能对福和祸一视同仁，也就自然忘掉有高兴和悲伤了。

阅典笔记

事物是可以相互转化的。在一定条件下，福可以转为祸，忧可能转为喜。老子关于福祸的名言“祸兮福所倚，福兮祸所伏”最有代表性。一个意志坚强的人在喜忧祸福中之所以不动心，是因为他明确地认识了这个道理，而且他在失败中总能寻找成功的因素，在成功时总能思虑危险的成分，在喜悦中总能注意警惕不利因素。

二十五

原典

花看半开，酒饮微醉，此中大有佳趣。若至烂漫酕醄，便成恶境矣。履盈满者，宜思之。

译文

赏花卉以含苞待放时为最美，喝酒以喝到略带醉意为适宜。这种花半开和酒半醉含有极高妙的境界。反之花已盛开酒已烂醉，那不但大煞风景而且也活受罪。所以事业已经到巅峰阶段的人，最好能深思一下这两句话的真义。

阅典笔记

做人做事要适可而止，天道忌盈，人事惧满，月盈则亏，花开则谢，这些虽然是出于天理循环，实际上也是处事的盈亏之道。事业达于一半时，一切皆是生机向上的状态，那时足以品味成功的喜悦；事业达于顶峰时，就要以“如临深渊，如履薄冰”的态度来待人接物，只有如此才能持盈保泰，永享幸福。否极泰来，物极必反，就像喝酒喝到烂醉如泥，就会使畅饮变成受罪。有些人就上演了使后人复哀后人的悲剧。往往事业初创时大家小心谨慎，而到成功之时，不仅骄奢之心来了，夺权争利之事也多了。所以每个欲有作为的人都应记住“月盈则亏，履满者戒”的道理。

二十六

原典

人生原是一傀儡，只要根蒂在手，一线不乱，卷舒自由，行止在我，一毫不受他人提掇，便超出此场中矣！

译文

人生本来就像一场木偶戏，只要你能把控制木偶活动的线掌握好，那你的一生就会进退自如、去就随便，丝毫不受他人或外物的操纵。能做到这些你就可以超然置身于尘世之外。

阅典笔记

做事要注意发现规律，就具体事而言应发现其窍门，得窍则一通百通，就像看病对症下药一样。做人要善于发现优势、特长，看清本质，就可以使自己遇事进退自如，不受他人控制。人贵自知，处世要摆正自己的位置，做事要看是否可行，以做到卷舒自在。

二十七

原典

波浪兼天，舟中不知惧，而舟外者寒心；猖狂骂座，席上不知警，

而席外者咋舌。故君子身虽在事中，心要超事外也。

译文

波浪滔天时，坐在船中的人并不知道害怕，而站在船外的人却吓得胆破心寒；公共场合有人放肆谩骂在座的人，同席的人并不知道警惕，反而会把站在席外的人吓得目瞪口呆。所以君子即使被某件事卷入旋涡中，也要抱着超然物外的态度。

阅典笔记

一个人做事就怕迷惑于事中却不自知，这样可能会把错误当正确。而要超然于事外，超脱于尘世，除了要有自身的高尚修养与较好素质之外，还要学会多听听别人的意见，多了解实际情况。所谓当局迷而旁观清，偏听信而兼听明。人处于事中不仅易迷惑且往往被其势所左右，变得激情磅礴，不能理智思考，冷静处之。故处事应身在局中而心在局外。

二十八

原典

释氏随缘，吾儒素位，四字是渡海的浮囊。盖世路茫茫，一念求全则万绪纷起，随遇而安则无入不得矣。

译文

佛家主张凡事都要顺其自然发展，一切不可勉强；儒家主张凡事都要按照本分去做，不可妄贪身外之事。这“随缘素位”四个字是为人处世的秘诀，就像是渡过大海的浮囊。因为人生的路途是那么遥远，假如任何事情都要求尽善尽美，必然会引起很多忧愁烦恼；反之，假如凡事都能安于现实环境，就会处处悠然自得。

阅典笔记

人不应听从命运的安排，把自己的一生付诸天意。不能因为自己天生于贫困便安于贫困，天生于恶境便安于恶境，逆来顺受。佛家主张凡事都要随缘，人必须随着天定的因缘来处理事情。反之凭自己的主观努力一意孤行，不论怎样也无法达成自己的意愿。儒家主张“素位”，就是君子坚守本位而不妄贪其他权势，要满足自己所处的现实环境，这和佛家所说“万事皆缘，随遇而安”是相通的。一个安于现实的人，能快乐度过一生；反之一个不满于现实环境的人，整天牢骚满腹，愤世嫉俗，只会害己而害人。这里万事随缘，随遇而安，应从积极意义来理解。从处事角度来看，凡事不可强求，有些事在现有条件下行不通，就有等待时机的必要，就需要安于现状而不是心慌意乱。凡事强求而不遵循事物的基本规律就难行得通。

二十九

原典

作人无甚高远事业，摆脱得俗情便入名流；为学无甚增益功夫，减除得物累便臻圣境。

译文

做人并不是非要懂得多少高深的大道理，一定要做大事业才行，只要能摆脱世俗就可跻身名流；要想求到很高深的学问，并不需要特别的秘诀，只要能排除外界干扰保持宁静心情，就可以超凡入圣。

阅典笔记

摆脱物欲世俗的困扰，追求一种自我心理平衡，是孔子推崇颜回道德的地方。孔子说：“贤哉，回也！一箪食，一瓢饮，在陋巷，人不堪其忧，回也不改其乐。贤哉，回也！”所谓“一箪食，一瓢饮”，就是过日常粗茶淡饭的清苦生活。颜回虽然过着低水准的生活，但是自得其乐，丝毫不受外界物欲的困扰。反之，人们为了追求生活享受，忽视精神价值，就会变成一个俗不可耐的物欲奴隶。人不要变成物欲的奴隶，虽说不能像古人说的那样成圣，但必须有一个明确的精神追求和向上的思想境界。颜回自得其乐不只在于超凡脱俗，更在于他有自己的志向，有坚强的意志，使他的精神总是充实的。

三十

原典

学者要收拾精神，并归一路。如修德而留意于事功名誉，必无实诣；读书而寄兴于吟咏风雅，定不深心。

译文

求取学问一定要集中精神，专心致志于研究。如果立志修德却又留意功名利禄，必然不会取得真实的造诣；如果读书不重视学术上的讨论，只把兴致寄托在吟咏诗词等风雅事上，那一定不会取得深刻的心得。

阅典笔记

历来做学问讲究个“勤”字，勤中苦，苦中乐，本来就没捷径可寻。所谓读书之乐无窍门，不在聪明只在勤，有一分耕耘才能有一分收获。课堂上所学只是师傅领进了门，要想有高深造诣全靠自己下苦功。读书只知道吟风弄月讲求风雅，寻章摘句不务实学不求甚解，这种人永远不可能求到真才实学。修德是为了提高自己的素质，学习不是为了装点门面，附庸风雅。不明白这个道理，就不能真正进步。

三十一

原典

心地干净，方可读书学古。不然，见一善行窃以济私，闻一善言假以覆短，是又藉寇兵而赍盗粮矣。

译文

只有心地纯洁的人，才可以读圣贤书，学古人的道德文章。否则，看到善行好事就用来满足自己的私欲，听到名言佳句就拿来掩饰自己的缺点，这就等于资助武器给贼子，接济粮食给强盗。

阅典笔记

现在讲求的德才兼备和这个道理有相通的地方。一个心地纯洁、品德高尚的人求了学问，可以修身、齐家、治国、平天下，对社会人类有所贡献。一个心术不正的人求了学问，却好比如虎添翼，他会利用学问去做各种危害人的事。例如现代人所说的“经济犯罪”和“智慧犯罪”等等，就属于这种心术不正之人的具体表现。因为这些小人会以自己的学问为武器，在社会上无恶不作。有的以君子的姿态好话说尽却坏事做绝，有的甚至为了一己私利而做出祸国殃民的勾当。所以做学问不能以一个“勤”字了得，还必须立身正德才行。故古人讲的立身修性在今天仍有实际意义，用现在的话讲，做学问的同时，还须培养良好的思想品德才行。有学问的人未必就是利于社会、益于大众的人，要看学问在什么人的手里，要看其品德如何。

三十二

原典

趋炎附势之祸，甚惨亦甚速；栖恬守逸之味，最淡亦最长。

译文

攀附权贵的人固然能得到一些好处，但是为此所招来的祸患也是凄惨而又快速的；能安贫乐道栖守自己独立人格的人固然很寂寞，但是因此所得到的平安生活时间很久趣味也浓。

阅典笔记

历史上依附于权贵的奸佞之辈，一时荣华富贵，作威作福，但他们所依附的权贵本身就如一座冰山，转眼之间家破人亡，有的甚至被祸灭全族。谁还会记住这些人呢？只有那些不贪名利、不趋炎附势的人，每天过着自由恬淡的生活，才能宁静以致远。历史往往是唯有“隐者”留其名，那些奸佞小人们所追逐的东西又算得了什么呢？

三十三

原典

松涧边携杖独行，立处云生破衲；竹窗下枕书高卧，觉时月侵寒毡。

译文

在满是松树的山涧旁边，拿着手杖一个人很悠闲地散步，这时从山谷中浮起一片云雾，笼罩在自己所穿的破旧长袍上；在简陋的竹窗之下读书，疲倦了就枕着书呼呼大睡，一觉醒来发现寒月浸凉了自己的毛毡。

阅典笔记

松与竹，隐士高人所称羡之物；云与书，文人墨客不可须离之物。“松涧边携杖独行，竹窗下枕书高卧”的句子，内容充满了老年无为的人生观，诗情画意，闲云野鹤，潇洒舒坦，优哉可羡。但一个有为的现代人如果安逸悠哉，就激发不出创业的斗志。只有在事业成功之后求取淡泊宁静，然后过一段修身养性的晚年悠闲生活才可取。

三十四

原典

忙处不乱性，须闲处心神养得清；死时不动心，须生时事物看得破。

译文

事务忙乱不堪时，要想保持冷静态度而本性不乱，必须在平时修身养性，培养清晰敏捷的头脑；面对死亡也毫不畏惧、不留恋，必须在平日对人生彻悟，看破红尘。

阅典笔记

面对生与死做到镇定自若，做到“不乱性，不动心”，关键是建立正确的人生观。孔子说“朝闻道，夕死可矣”，孟子更说“吾四十不动心”，他们都能彻悟人生，以天下为己任，以大义为追求。所以当孔子被匡人围困时才发出“天之未丧斯文也，匡人如其予何”，而文天祥更在《过零丁洋》诗中咏出“人生自古谁无死，留取丹心照汗青”这样的名句。从古至今，无数先贤面对生与死，大义凛然，凭借正确的人生观、耿直的正义感以及良好的品性，临变不乱，遇事不慌，镇定自若。这些人看破红尘，领悟人生，不是去消极遁世，老死荒郊，而是积极行道，肩负天下重任。

三十五

原典

隐逸林中无荣辱，道义路上无炎凉。

译文

一个退隐林泉之中与世隔绝的人，对于红尘俗世的一切是是非非完全忘怀而不存荣辱之别；一个讲求仁义道德而济世救民的人，对于世俗的贫贱富贵、人情世故都看得很淡而无厚此薄彼之分。

阅典笔记

道家提倡出世，故隐者之所以无荣辱之感，原因在于他们已经完全摆脱了世俗的是非观念。世俗之人认为荣誉与耻辱的事，在他们看来不过有如镜花水月。儒家提倡入世，在道义路上就要恩怨分明，提倡“人我两忘，恩怨看空”。孔子说:“何以报德,以直报怨,以德报德。”因为儒家讲的是世间作为,所以凡事都权衡轻重,而且处处以中庸之道为准。两种世界观决定了对荣辱、恩怨的不同看法。但在传统思想中,两种观念往往融为一体,既提倡出世不计恩怨,又提倡在人世中行道义不计荣辱,故无所谓炎凉。

三十六

原典

热不必除,而除此热恼,身常在清凉台上;穷不可遣,而遣此穷愁,心常居安乐窝中。

译文

夏天的暑热根本不必用特殊方式消除,只要消除烦躁不安的情绪,身体便犹如坐在凉台上一般凉爽;消除贫穷也不必有特殊方法,只要能排除因贫穷而生的愁绪,心境就宛如生活在快乐世界一般幸福。

阅典笔记

人们有“心静自然凉”的经验。夏季炎热是自然现象,人通过心理调节,可以从心理上去热。这也是佛家所提倡的修行功夫。因为一个道行炉火纯青的出家人,六根清净,四大皆空,对寒暑冷热也毫无感觉,佛家才又有一句“安禅何必须山水,减去心头火亦凉”的名句。至于说到穷不穷,不完全是观念问题。孔子称赞颜回不忧愁于居陋食简,而以心乐,存安贫乐道的操守志向。生活中的贫富之别是不可否认的事实,但一个修养好、志向高的人却能正视现实，甘于清贫，沉浸于自己追求的乐趣中。情趣不因物困而低下，精神高尚才能使身心愉悦。

三十七

原典

贪得者，分金恨不得玉，封公怨不授侯，权豪自甘乞丐；知足者，藜羹旨于膏粱，布袍暖于狐貉，编民不让王公。

译文

贪得无厌的人，给他金银还怨恨没有得到珠宝，封他公爵还怨恨没封侯爵，这种人虽然身为豪富权贵却等于自甘沦为乞丐；自知满足的人，即使吃粗食野菜也比吃山珍海味还要香甜，穿粗布棉袍也比穿狐袄貉裘还要温暖，这种人虽然说身为平民，但实际上比王公还要高贵。

阅典笔记

“得寸进尺，得陇望蜀”是对贪得无厌之辈的形象比喻。只有少数超凡绝俗的豁达之士才能领悟知足常乐之理。其实适度的物质财富是必须的，追求功名以求实现抱负也是对的，关键看出发点何在。有一定社会地位是现实生活迫使个人接受的一种要求。追求物质丰富是刺激市场繁荣的动力。对个人而言，决非因为安贫乐道就可以否定对物质欲望的追求。但是一个人为铜臭气所包围，把自己变成积累财富的奴隶，或为财富不择手段，为权势投机钻营，把权势当成满足私欲的工具，那么，这种人就会永远贪得无厌，为正人君子所不齿。

三十八

原典

矜名不若逃名趣，练事何如省事闲。

译文

一个人喜欢夸用自己名声，倒不如避讳自己的名声显得更高明；一个人事事追求完美，倒不如多省一事来得悠闲自得。

阅典笔记

老庄提倡无为，所谓出世哲学；儒家主张进取，倡导入世哲学。二者构成中国古代士大夫一种处世哲学：进则求取功名兼济天下，退则隐居山林修身养性。所谓"隐者高明，省事平安"，就老庄的无为思想来说是很对的，而就儒家的进取思想来说似乎是相矛盾的；对世俗者而言是"多一事不如少一事"，"多做多错，少做少错，不做不错"，对隐者而言本身不求名，更无所谓虚名了。所以自古就有"君子盛德，容貌若愚"的说法，即人的才华不可外露，宜深明韬光养晦之道，才不会招致世俗小人的忌恨。所以，入世、出世表面上矛盾，实际上又一致。一个愚钝之人本身无所谓隐；一个修省的人隐居不是在逃脱世俗，不过是在求得一种心理平静而已，故逃名省事以得安闲。

三十九

原典

嗜寂者，观白云幽石而通玄；趋荣者，见清歌妙舞而忘倦。唯自得之士，无喧寂，无荣枯，无往非自适之天。

译文

喜欢宁静的人，看到天上的白云和幽谷的奇石，也能领悟出极深奥的玄理；热衷权势的人，听到清歌，看到妙舞，就会忘掉一切疲劳。只有了悟人生之士，内心既无喧寂也无荣枯，凡事只求适合纯真天性而处于逍遥境界。

阅典笔记

出世的人追求的是一种悠然自得的雅趣，凡事都不受任何外物影响，没有喧嚣、寂寞的分别，也没有荣华、衰枯的差异，他们永远能悠然自适于天地之间。反之，如果受环境的改变而动心的人，那就不算是一个真正得道之人。这是一种理想的生活环境。当年老庄处于兵荒马乱的年代提出“无为”、“老死不相往来”等主张，是针对当时的环境而言的，以致成为中国文化人的一种精神追求。这种与世隔绝的生活方式作为理想是可以的，但当成现实生活就难行得通，而唐代竟有以隐居为终南捷径的典故。凡事走极端是不可取的。

四十

原典

孤云出岫，去留一无所系；朗镜悬空，静躁两不相干。

译文

一片浮云从群山中腾起，毫无牵挂，自由自在飞向天际；皎洁的明月像一面镜子挂在天空，人间的宁静或喧嚣都与之毫无关联。

阅典笔记

生活在现代文明中的人们，不可能像孤云朗月一样无牵无挂，必须受人类自己创造的道德、法律、宗教等一切行为规范的约束限制。处在原始社会的人们，在精神上是公平和自由的，在生存上需要相互帮助。当生存问题得到解决，私有制一出现，社会就开始有了种种矛盾。一些制度、规范为适应人类社会生活而出现，又不断被人们扬弃，例如暴政等不合理的政治制度。社会的发展，并没有使人们一无所系、了无牵挂、自由自在地生活，于是人们便寻求一种自我内心的平衡与调节，求得内心如流云，如朗月，使人世间的静躁与我无关，借以保持一份悠闲雅致。

达观篇

一

原典

悠长之趣，不得于浓酽，而得于啜菽饮水；惆怅之怀，不生于枯寂，而生于品竹调丝。故知浓处味常短，淡中趣独真也。

译文

持续久远的趣味，并不是在美酒陈酿中得来，而是在粗茶淡饭中得到；悲伤失望的情怀，并非产生在穷愁潦倒中，而是产生于美妙声色的欢乐中。可见，美食声色中获得的趣味常常显得很短，粗茶淡饭中获得趣味才显得纯真。

阅典笔记

贪得者虽富亦贫，知足者虽贫亦富。这话对也不对。有财富，使物质生活过得好些，总比贫穷好。但为追求财富不择手段、贪得无厌而沦为财富的奴隶，就失去了人生的意义。所谓深处味短，淡中趣长，指的是精神上的追求。曾有这样一种社会现象，说是有人穷，穷得只剩下钱；有人富，富得除了书本一无所有。这是不正常的。追逐金钱达到痴迷状态，随之而来的便是精神空虚；而精神富足的人固然在理念世界能够做到真趣盎然，但没有一定的物质基础是没有体力来体会乐趣的。因此，看待任何事物都要有辩证的态度。

二

原典

水流而境无声，得处喧见寂之趣；山高而云不碍，悟出有入无之机。

译文

江河水流不停，但是两岸的人却听不到流水的声音，这样反倒能发现闹中取静的真趣；山峰虽然很高却不妨碍白云的浮动，这景观可使人悟出从有我进入无我的玄机。

阅典笔记

动中之静方见静。一个人的本性已定，就不会被爱憎和是非所动，就能保持一种静态。喧处可见寂趣，高山流云中可悟出进入无我之境的玄机，达到“动静合宜”、“出入无碍”境界。例如《庄子·大宗师》篇就对此种道理有所描述：“鱼相造乎水，人相造乎道。相造乎水者，穿池而养给；相造乎道者，无事而生定。故曰：‘鱼相忘乎江湖，人相忘乎道术。’”人生在世能达到这种高超境界，就是禅家所说“邪正俱不用，清净至无余”。

三

原典

山林是胜地，一营恋变成市朝；书画是雅事，一贪痴便成商贾。盖心无染著，欲境是仙都；心有系恋，乐境成苦海矣。

译文

山川秀丽的林泉本来都是名胜地方，可是一旦沾迷留恋，就会把胜景变成庸俗喧嚣的闹区；琴棋书画本来是骚人墨客的一种高雅趣味，可是一产生贪念，就会把风雅变成俗不可耐的市侩。所以一个人只要心地纯洁，丝毫不被外物所感染，即使置身人欲横流之中，也能建立自己内心的仙境；反之，一旦迷恋声色物欲，即使置身山间的乐境，也会使精神坠入痛苦深渊。

阅典笔记

雅俗苦乐并不是事物本身，不是人生如此，而是人对客观事物的一种感受。所以《维摩经》中才有“心静则佛土也静”，意思是说俗雅完全出于心的反应。苦与乐、雅与俗都是相对的，在一定条件下可以转化。浸于琴棋书画本为雅事，一沾上金钱买卖，便雅气无存；浪迹山林江河本为乐事，可让俗世的苦恼始终占据脑海，乐又从何而来呢？心态的调整、道德的修养才是能否摆脱凡尘俗世的关键。

四

原典

芦花被下卧雪眠云，保全得一窝夜气；竹叶杯中吟风弄月，躲离了万丈红尘。

译文

把芦花当棉被，把雪地当睡床，眠于浮云中，就会保全一分宁静的气息；用竹子作酒杯，一边作诗填词一边尽情高歌，这样自然能远远逃开尘世的繁华喧嚣。

阅典笔记

“卧云弄月，绝俗超尘”这种充满着雅趣的田园生活是颇为诱人的。被举例子最多的是“结庐在人境，而无车马喧。采菊东篱下，悠然见南山”。在世人看来，陶渊明远离万丈红尘，像神仙般的隐居生活确实令人羡慕。但是，是否所有的隐者都不愿留其名，或者全都是为了终南捷径，不得而知。真正的隐者的确世不多载，为隐而名的人却不少。陶渊明的可贵在得自然之趣，并不是为隐而隐，并不是追求那种不沾人间烟火的表面形式。

五

原典

衮冕行中，著一藜杖的山人，便增一段高风；渔樵路上，著一衮衣的朝士，转添许多俗气。故知浓不胜淡，俗不如雅也。

译文

在冠盖云集的高官显贵之中，如果能出现一位手持藜杖、身穿粗布衣裳的雅士，自然就会增加清高风采；在渔父樵夫中，假如加入一个朝服华丽的官吏，反而增加很多俗气。所以荣华富贵不如淡泊宁静，红尘俗世不如山野清雅。

阅典笔记

古有清流与朝官两立的传统，仿佛一为官便为俗，一入林便成清。从形式上来讲，在朝在野是不一样的，但决非在朝无雅士，山林无俗辈。这都不是绝对的，而在于人的品性修养如何。从形式而言，到什么山唱什么歌。山野之中，布衣之内，猛地来一位朝士，似有作威作福、依势卖弄之嫌，而朝士中猛地站一位渔父或樵夫确也显眼。清淡浓俗于此衬托无遗，但这仅是就形式而言，关键还要看其人之品性是高雅还是低俗。朝服是权力的象征，平民之服却是大众、自然的。

六

原典

此身常放在闲处，荣辱得失谁能差遣我；此心常安在静中，是非利害谁能瞒昧我。

译文

只要经常把自己的身心放在安闲的环境中，世间所有荣华富贵与成败得失都无法左右我；只要经常把自己的身心放在静寐的环境中，人间的功名利禄与是是非非就不能欺蒙我。

阅典笔记

老子主张“无知无欲”，“为无为，则无不治”，否定一切圣贤愚智。

世人常把“无为”挂在嘴边，实际上是做不到的。但一个人忙碌之时，或置身功名富贵之中，的确需要静下心来修省一番，闲下身子安逸一下。这时如果能达到佛所谓的“六根清净，四大皆空”的境界，就会把人间的荣辱得失、是非利害视同乌有。这利于自我调节，防止陷入功名富贵的迷潭难以自拔。

七

原典

我不希荣，何忧乎利禄之香饵？我不竞进，何畏乎仕宦之危机？

译文

我如果不希望荣华富贵，又何必担心他人用名利作饵来引诱我呢？我如果不和人竞争高低，又何必恐惧在官场中所潜伏的宦海危机呢？

阅典笔记

古代官场中四处布满陷阱，充满荆棘，因此才有“善泳者死于溺，玩火者必自焚”、“香饵之下必有死鱼”的说法。所以作者劝诫人们，为人处世想不误蹈陷阱、误踏荆棘，最好是把荣华富贵和高官厚禄都看成过眼烟云。的确，一个人如果不希冀官场的升迁就自不会去投机钻营，不会去阿谀奉承，就会无所畏惧，那权势又奈我何？馅饼对于想图功名者来说才是陷阱，而对于轻名利者则不是陷阱。权势对于小人、对希图荣达者自有一番诱惑。

八

原典

倘徉于山林泉石之间，而尘心渐息；夷犹于诗书图画之内，而俗气潜消。故君子虽不玩物丧志，亦常借境调心。

译文

人如果经常漫步于山川、林泉、岩石之间，就能使凡念渐去；人如果能经常流连在诗词书画的雅境，就会使俗气消失。所以有才德修养的人，虽然不会沉迷于飞鹰走狗而丧失本来志向，但是也需要经常找个机会接近大自然来调剂身心。

阅典笔记

有才德有修养的人隐居林泉是为超凡养性，沉浸字画是为寄情抒怀，融汇自然则是为调节身心，愉悦情绪。有的人建别墅庭园，藏书画古玩，养珍禽异兽，表面看来风雅脱俗，回归自然，但贪念不消，本质不改，也只能算是附庸风雅。而沽名钓誉更俗不可耐。人是可以改变的，近朱者赤，近墨者黑，环境的雅俗，也确实能改变一个人的气质。可见人不但要借山林泉石的幽雅环境来培养自己的气质，同时也要用书香气氛充实自己的内在素质才行。在一种高雅脱俗、充满书卷气的环境里，耳濡目染于其中的人，也自然会受到潜移默化的影响。

九

原典

春日气象繁华，令人心神骀荡。不若秋日云白风清，兰芳桂馥，水天一色，上下空明，使人神骨俱清也。

译文

春天万象更新，大地百花齐放，一片繁华一派生机，使人感到精神舒适畅快。但是不如秋高气爽时的清风拂面、兰桂飘香，水连天天连水的水天一色，天朗气清，大地辽阔，使人感到精神爽朗，轻快异常。

阅典笔记

唐朝刘禹锡有名诗："自古逢秋悲寂寥，我言秋日胜春朝。晴空一鹤排云上，便引诗情到碧霄。"正好说明了这段文字表达的景象。因为秋天会给我们带来肃杀之气。作者于此并非比较春与秋孰美。天地万物有生必有死，有盛必有衰。人对景物的爱憎，也完全是基于心情和观念。春天的清新就好比人的青少年时代，虽然具有青春活力，然而在某些方面却显得不成熟；秋天是收获的季节，也是万物走向衰亡的开始，万物至此得以成熟。大自然到秋天已度过了那雍容华贵、万紫千红的夏季，此时已渐渐显出本来之面目，犹如人的本性显现而达到净洁的境界。秋高气爽，水天一色，上下空明，人在此中神骨俱清。这也是作者喜秋的原因之一吧。

十

原典

身如不系之舟，一任流行坎止；心似既灰之木，何妨刀割香涂？

译文

身体像一艘没有缆绳的孤舟，自由自在地随波逐流，尽性而泊；内心就像一棵已经成灰的树木，人间的成败、毁誉又有什么关系呢？

阅典笔记

心头功名利禄欲望太强，个人荣辱得失计较太多，必然总处在一种忧郁与不满之中。从做人的角度来看，每个人都向往逍遥自在的生活，但是，如果仅仅环境能使你逍遥自在，而内心却不能排除世俗的杂念，任何好的环境也无济于事。所以，一个人必须从修养上下功夫，达到"老僧入定"的不动心境界。孔子说"六十而耳顺，七十而从心所欲不逾矩"，就是属于"来去自如，融通自在"的修养功夫。其实做人要摆正自己的位置，即人贵自知；不属于自己的东西不应强求，即人贵自然。这样，才可能有超凡脱俗、不计是非恩怨之心，才可能多一份洒脱的气度，增一份人生的真趣，进而达到不动心、无所求的自如境界。

十一

原典

欲其中者，波沸寒潭，山林不见其寂；虚其中者，凉生酷暑，朝市不知其喧。

译文

内心充满欲望，能使平静心湖掀起汹涌波涛，即使住在深山古刹也无法平息；内心毫无欲望，即使在盛夏季节也会感到浑身凉爽，甚至住在闹市也不会察觉喧嚣。

阅典笔记

人的精神往往会产生难以想象的作用，克服难以忍受的困难。精神上有能把握定、静、安、虑、得的修养功夫，即使身临大难也不会苟且偷生，一切艰难困苦都不会使他们屈服，故佛教有“行人修德，虽火坑亦是青莲”的说法。有道高僧如法显、玄奘、鉴真，为了信仰，为了传教，克服了无数常人难以忍受之难，最终达到目的。他们这种坚韧不拔的精神来自他们内心的纯净和信念的执著，故不远万里去追求他们向往的目标。这种精神用之于常人，可令人钦佩的例子也是举不胜举。如变法英雄谭嗣同在危难之时决不苟且，镇定自若，临终还留下千古绝唱。人虽逝矣，精神不死。正由于有崇高的信念支撑着他，他面对生死才同样心静如止。

十二

原典

多藏者厚亡，故知富不如贫之无虑；高步者疾颠，故知贵不如贱之常安。

译文

财富聚集太多的人，总忧虑自己的财产被人夺去，可见富有不如贫穷那样会使人无忧无虑；身份地位很高的人，总忧患自己的地位被人争走，可见为官不如平民那样逍遥自在。

阅典笔记

一无所有的人了无牵挂，足以潇洒自在。无官一身轻，无财不担心。人生就这么怪。生于治世，天下太平，贵者难尽情作威作福，富者也难得不义之财；处于乱世，暴富显贵多了，贼盗也多了。人为财死，鸟为食亡，多藏厚亡，怀璧其罪，财富招祸。孔子说：“鄙夫！可与事君也哉？其未得之也，患得之。既得之，患失之。苟患失之，无所不至矣！”人处富贵之中能思贫贱之乐，足见其平日修养，但许多人在贪求富贵时往往欲壑难平。其实此时不须想贫贱之人之事，想想自己生老病死时只盼望能多活一天，只盼能在白云下散散步的情形，争名求贵、夺财争富之心自然会平息。

十三

原典

花居盆内终乏生机，鸟落笼中便减天趣。不若山间花鸟错集成文，翱翔自若，自是悠然会心。

译文

花被栽植在盆中便缺乏自然生机，鸟被关进笼中便减少天然情趣，不如山间的野花那样显得艳丽自在，天空野鸟自由飞翔让人看起来更加赏心悦目。

阅典笔记

中国的传统文化中，庭苑和盆景为人所称道，但与山林野趣、天地间飞翔的鸟儿相比，就丧失了大自然的生趣，任由世人摆布。世间万事万物，假如破坏了自然生机，就不会有天然妙趣。以此比之于人，盆中花、笼中鸟则喻意被束缚了自由。历史上为自由而奋争乃至献出生命的人成千上万。因此自由之可珍贵就显得更加明显。人们一般都喜欢小孩子，一个重要的原因是孩子不作假，天真、自然而可爱。故李白高歌“一生好入名山游”，就是因为名山大川如画的美景更能显出自然之趣。

十四

原典

帘栊高敞，看青山绿水吞吐云烟，识乾坤之自在；竹树扶疏，任乳燕鸣鸠送迎时序，知物我之两忘。

译文

高卷起窗帘望见烟雾迷蒙着青山绿水，才明白大自然多么逍遥自在。窗前花木茂盛，翠竹摇曳生姿，乳燕鸣鸠在冬去春来之际凌空飞过，使人理解到物我一体、人我两忘。

阅典笔记

生活在现代都市的人，打开窗户所看到的是鳞次栉比的高楼大厦，听到的是喧嚣尘埃的嘈杂噪音，故而城里人到了田园，进了山林，会马上产生一种舒适开心的情怀，回归大自然竟有一种忆旧之感。故在现代文明的城市里，“躲进小楼成一统，管它春夏与秋冬”不可取，远不会有“悠然见南山”的真趣。住在农村的山边水岸，一年四季都高敞门户，放眼望去都是青山绿水，足以体会陶渊明“好鸟枝头亦朋友，落花水面亦文章”的诗句，体会乾坤自在、天地真如的境界。但是，生活在这种足以物我两忘境界中的人却往往向往现代城市生活，千方百计要挤到城里去体验城里人的享受，尤其是生活条件艰苦的地方的人更是如此。

十五

原典

知成之必败，则求成之心不必太坚；知生之必死，则保生之道不必过劳。

译文

做事有成功就必然有失败，能洞悉此中道理，凡事就不必太执着于求成；生命有生就必然有死，能明白这种道理，对于自己的养生之道就不必费尽苦心过于强求。

阅典笔记

成败之论从古到今何其多也。“古今多少事，都付笑谈中”，“有生必有死，早终非命促”。人们于生死既有“人生几何”之叹，也有“江山如画，一时多少豪杰”之美，还有“生当为人杰，死亦为鬼雄”的胸怀。此外，作者从事物的自然规律来谈生死成败，告诫人们做事勿以一时的得失来下结论，要学会等待时机，而不是凭一时求成之心就足以成事。生死之道，不能以为过分追求养生就可以长寿。人在精神上不充实就必然会去追求各种私欲的满足，这实际上有违养生之道，可能还会加速死的降临。

十六

原典

眼看西晋之荆榛，犹矜白刃；身属北邙之狐兔，尚惜黄金。语云：“猛兽易伏，人心难降；溪壑易填，人心难满。”信哉！

译文

眼看着武功最盛的西晋已变成了杂草茂盛的荒凉之地，可还有人在那里炫耀自己的武力；亲贵皇族，身体已属于北邙山陵墓间狐鼠食物，还何必那样爱惜自己的财富呢？俗谚说：“野兽虽然易制伏，可是人心却难以降服；沟壑虽然容易填平，人的欲望却难满足。”经验之谈呀！

阅典笔记

人的生死有其自然规律，有人因此而珍惜生命，多做益事；有人却叹人生苦短、微不足道而及时行乐，欲壑难填，人心不满。历史有惊人的相似之处，从古至今，历史的荣耀有人津津乐道，历史的教训却无人去真的吸取，以致“犹矜白刃”者代代都有，北邙枯骨者大有人在，人只管身前，顾不上以后。

十七

原典

狐眠败砌，兔走荒台，尽是当年歌舞之地；露冷黄花，烟迷衰草，悉属旧时争战之场。盛衰何常？强弱安在？念此令人心灰！

译文

狐狸作窝的残壁，野兔奔跑的荒台，都是当年美人歌舞的胜地；菊花在寒风中抖擞，枯草在烟雾中摇曳，那些地方都是以前英雄争霸的战场。兴衰成败如此无情，而富贵强弱又在何方呢？想到这些，就会无限感伤而心灰意懒。

阅典笔记

胜迹怀古，各有情怀。世事沧桑，情随境迁。李白在乐游原上唱出“年年柳色，灞陵伤别”，“西风残照，汉家陵阙”。东坡临赤壁而咏成千古佳句：“江山如画，一时多少豪杰。”刘禹锡的名篇《乌衣巷》和本段的意境不谋而合：“朱雀桥边野草花，乌衣巷口夕阳斜。旧时王谢堂前燕，飞入寻常百姓家。”人生无常，盛衰何足恃？历史似乎总是循环的，但千万不可持“好了伤疤忘了疼”、“人生有酒须当醉，一滴何曾到九泉”的态度，这种态度太过悲观。但去争杀，在名与利中争来夺去又有什么价值呢？所以，人要修身养性，免蹈故辙。

十八

原典

宠辱不惊，闲看庭前花开花落；去留无意，漫随天外云卷云舒。

译文

对于荣耀屈辱无动于衷，心地安宁，欣赏庭院中花开花落；对于升迁得失漠不关心，冷眼观看天上浮云随风聚散。

阅典笔记

中国人积累的几千年的人生经验，就像一本厚厚的书，开卷便觉触目惊心：名利场、宦海浮沉，潮起潮落；富贵乡人为财死，鸟为食亡。官场少有常青树，财富总有用尽时。若练得宠辱不惊、去留无意的功夫，又怎会有凄凉与悲哀的心境出现呢？

十九

原典

晴空朗月，何处不可翱翔，而飞蛾独投夜烛；清泉绿果，何物不可饮啄，而鸱鸮偏嗜腐鼠。噫！世之不为飞蛾、鸱鸮者，几何人哉？

译文

晴空万里，皓月当空，哪里不可以自由自在飞翔呢？可是飞蛾偏偏扑向夜烛自取灭亡。清澈泉水，翠绿瓜果，什么东西不可以饮食果腹呢？可是鸱鸮却偏偏喜欢吃腐烂的死鼠。唉！人间不做飞蛾、鸱鸮的人，究竟有几个呢？

阅典笔记

看飞蛾扑夜烛、鸱鸮食腐肉觉得很奇怪：那里明明是火坑偏偏向死亡中扑，明明有鲜美之物却弃而不用。看物如此，看人同样。人由于时代的局限、认识的局限，很多事情在别人看来是牛角尖自己却偏向里面钻，有的事在以后看来是错的、可笑的，当时却毫无顾忌，引以为正常。更可叹的是明知有害，如对物欲情欲的过度追求绝无好处，可人们偏偏难以克制私心杂念，纵容欲望。知苦海而不回头，实可悲叹；有时甚至还不知苦海在哪里，就更令人叹惜。

二十

原典

权贵龙骧，英雄虎战，以冷眼视之，如蚁聚膻，如蝇竞血；是非蜂起，得失猬集，以冷情当之，如冶化金，如汤消雪。

译文

达官显贵表现出龙飞般的气概，英雄好汉像猛虎般打斗决胜，对这种种情形冷眼旁观，如同看到蚂蚁被膻腥味道引诱在一起，苍蝇为争食血腥聚集在一起，令人感到万分恶心。是非宛如群蜂飞起一般纷乱，得失宛如刺猬竖起的毛针一样密集，对这种情景如果用冷静的头脑来观察，就如同金属被注入了模型会自然冷却，雪花碰到沸汤会马上融化。

阅典笔记

历史的巨册往往是在龙争虎斗、狼烟滚滚中翻去了一页又一页。而你争我夺的结果却往往是白骨蔽野，生灵涂炭，最终留下的是残垣断壁、荒冢堆堆。冷眼观之，先哲斥之为不义之战，诗人则叹为“古今多少事，都付笑谈中”。以此观人生世事，尔虞我诈、求富逐贵而又心机用尽的人何其凄凉也。人生苦短，岁月蹉跎，不能超脱于世就会被世俗所累。冷眼看世界是必要的，静心理世事是应当的。

二十一

原典

胸中即无半点物欲，已如雪消炉焰冰消日；眼前自有一段空明，时见月在青天影在波。

译文

一个人心中没有丝毫物质欲望，就像炉火化雪、太阳化冰一般安然；眼前呈现一片空旷开朗景象，就宛如看见皓月当空月光倒映在水中一般宁静。

阅典笔记

欲望太过强烈，心神就会受物欲蒙蔽，以致头脑昏聩而不明事理。这不是说要绝欲望，而在于说明欲望淡泊便能使心情轻松，心情轻松就好像“月在青天影在波”，这样既能明心见性又能通达事理。宋儒周敦颐说：“无欲则静，静则明。”心底清静，本性自现，本性现就会愉快，就会神清目朗，见山水明而日月新。但无半点物欲不是一无追求，不是弃除物欲。什么事一走极端就会走向其反面，好事也会变成坏事。例如饮酒是乐事，也可成雅事，但如市井之徒光着脊梁狂喝滥饮，其喧嚣是噪音，其形象绝非豪爽而是粗俗，至于过度饮酒则伤身心。诗是雅事，是情与怀的抒发，但为诗而诗，无病呻吟，以诗为玩物岂非亵渎？事过头就会变质。

二十二

原典

树木至归根，而后知华萼枝叶之徒荣；人事至盖棺，而后知子女玉帛之无益。

译文

树木到了落叶归根化为腐土，人们才想到茂盛的枝叶、鲜艳的花朵只不过是一时的荣华；人直到死后进入棺材，才会知道子女、钱财毫无用处。

阅典笔记

俗话说“不撞南墙不回头”，是比喻人认死理，不被实际情况碰个焦头烂额决不甘心。林木花草只有春天才生机盎然，到了秋天便落叶翻飞，大雪飘来的时候便只剩下枯枝片叶，其余皆化为泥土至春护花肥田。人不同于花草树木，到了盖棺时节，一切便晚矣，便无缘知晓世人的品评，无法再顾及子女、玉帛的用处。既感如此，何必当初呢？做人不可等盖棺时再去行善，做事也不应采取这种临崖勒马始回头的方式。干什么都应事先多考虑，以免到时手忙脚乱。

二十三

原典

饱谙世味，一任覆雨翻云，总慵开眼；会尽人情，随教呼牛唤马，只是点头。

译文

一个饱经人世风霜的人，任凭人情冷暖、世态炎凉如何翻覆，都懒得再睁开眼睛去过问其中的是非；一个看透了人情世故的人，人们随意对他呼牛唤马，都会若无其事点点头。

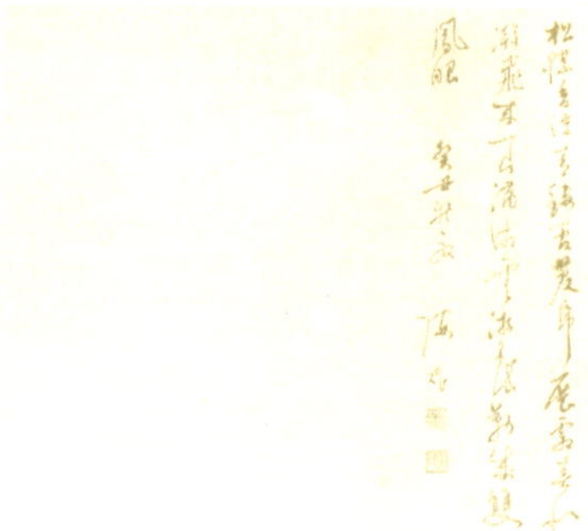

阅典笔记

人情冷暖，世态炎凉，自古而然。以纵横之说闻名六国、以善辩能言在战国时期占据一席之位的苏秦，第一次出门游说，却出师不利，搞得灰头土脸而归。回来家中无人理睬他，他于是发愤苦读，锥刺骨的典故从此而来。其再一复出，功成名就，此次则是父母郊迎三十里，妻侧目而视，侧耳而听，嫂蛇行匍匐，四拜自跪而谢。苏秦说："嫂子前倨而后躬为什么？"嫂子说："因为你位尊而多金。"苏秦感慨说："贫穷则父母不子，富贵则亲戚畏惧，人生世上势位富厚尽可以忽乎哉？"真是肺腑之言。实际上还

是功名富贵在作怪。假如一个人待功名如黄土，视富贵如浮云，一心只好静，万事不关心，一任世情，谁夸我何呢?

二十四

原典

意所偶会便成佳境，物出天然才见真机，若加一分调停布置，趣意便减矣。白氏云："意随无事适，风逐自然清。"有味哉！其言之也。

译文

事情偶然遇上、合乎己意就成了佳境，东西出于天然才能看出造物者的天工，假如加上一分人工的修饰，就大大减低了天然趣味。所以白居易的诗说："意念听任无为才能使身心舒畅，风要起于自然才能感到凉爽。"这两句诗真是值得玩味的至理名言。

阅典笔记

物贵天然，人贵自然。但这绝不是说一块矿石不经开采、提炼或琢磨就能成美玉、金属等有益于人类的物质。世间的万物最好是不要违反自然，一旦违反自然美也容易变成丑，好就可能转成坏。像邯郸学步，失却自然就成笑柄。任何事情都有个度，现代文明发展的本身就是充分调动人的主观能动性去改造自然，战胜困难。像沙漠，作为一种自然景观很壮阔，可不去改造它就会对人类生存形成威胁。所以真得天然的前提是不造作，但绝不是一点不可变动。做人也是同样的道理。

二十五

原典

人心有个真境，非丝非竹而自恬愉，不烟不茗而自清芬。须念净境空，虑忘形释，才得以游衍其中。

译文

人只要在内心维持一种真实的境界，没有音乐来调剂生活也会感到舒适愉快，无须焚香烹茶就会感到满室清香。只要能使思想纯洁，意境空灵，就会忘却一切烦恼，超脱形骸困扰，如此才能使自己优游在生活的乐趣中。

阅典笔记

丝竹赏心，品茗气雅，但只要人的心性、人的内在气质本身纯正清净，没有外物的赏心悦目，同样会显出一种雅致。佛家说“万物均有佛性”，意思就是万物之性与天性合一。人心都有一个真境，这一真境是从清静芬芳中自然产生的。我们假如想要优游于这种境界中，就要先使内心清净。老庄说清静无为，古人讲放浪形骸之外，就是要绝对断绝名利和物欲使心境恬淡，绝虑忘忧，而优游于生活的乐趣之中。

二十六

原典

金自矿出，玉从石生，非幻无以求真；道得酒中，仙遇花里，虽雅不能离俗。

译文

黄金从矿山中挖出，美玉从石头中产生，可见不经过幻变就不能得到真悟；道从杯酒中悟出，仙也许能在声色场或繁花丛中遇见，可见脱离俗世便不能产生雅事。

阅典笔记

这段话要从两方面来理解：一方面说雅的东西并不能脱离它产生的环境，就像一个人不是天生就是一个高雅之士，很可能在俗的环境里成长，关键是以后的磨炼、人格的升华。另一方面说雅的东西是不断修省锻炼而来的，像矿砂不经冶炼不能成为黄金，矿石不经琢磨不能成为美玉，同理，人不经过历练也不能成为完人。但是黄金之所以能成为黄金，美玉之所以能成为美玉，是因为在先天上都具有黄金和美玉的本质。而要成为一个道德深厚的高雅之士更离不开磨炼，应该逐渐发现本性中的良知而使之光大。

二十七

原典

雨余观山色，景色便觉新妍；夜静听钟声，音响尤为清越。

译文

雨后观赏山川景色，就会觉得另有一番清新气象；夜静聆听庭院钟声，就会觉得音质特别清脆悠扬。

阅典笔记

大自然给人的美感不仅在视觉上，听觉上同样给人以享受。唐诗人张继《枫桥夜泊》中“月落乌啼霜满天，江枫渔火对愁眠。姑苏城外寒山寺，夜半钟声到客船”的意境，恐怕更多的是通过听觉来感受的。很多东西在听觉、视觉上的感受可能是一样的，但仁者见仁，智者见智，关键在于个人兴趣之雅俗、个人修养之高下；另外还要看当时的心境。人的生活当然以能品味些自然山水之情趣为好，“雨后观山，静夜听钟”，足以去雅士之烦，怡隐者之情。

二十八

原典

栽花种竹，玩鹤观鱼，亦要有段自得处。若徒留连光景，玩弄物华，亦吾儒之口耳，释氏之顽空而已。有何佳趣？

译文

平日栽种一些花竹树木，再饲养一些可爱的小动物，应起到调剂生活心性的作用。假如只为了增加风景，玩赏一些奇花异木、珍禽异兽，那不过是儒家所说“小人之学，耳入口出”和佛家所说“只知诵经，不明佛理”的表面文章而已，又哪有高尚的情趣呢？

阅典笔记

人好静却不可逃避社会义务与责任。人修身却不可只从教义出发，只知在自我的圈子里徘徊而与世隔绝。人好自然之物却绝不能玩物丧志，以所乐而迷身心。平日栽种花竹和玩赏鸟鱼，本为雅致高尚的休闲活动，但一定要领悟其中的超逸情趣，怡然自得，才能感受到真正的乐趣。小人就完全不同，他们仅仅注重表面形式，或为装点门面而附庸风雅，结果变成口耳顽空之辈，毫无超逸雅趣可言。君子是以此来陶冶性情和领悟自然的，可是，如果只一味流连于美景异物之上，忘记了应负的社会责任，又有何益可言？

二十九

原典

山林之士，清苦而逸趣自饶；农野之人，鄙略而天真浑具。若一失身市井驵侩，不若转死沟壑神骨犹清。

译文

隐居山野林泉的人，生活清贫，但是精神生活充实；种田耕作的人，学问知识虽然浅陋，但是具有朴实纯真的天性。假如一旦回到都市，变成一个充满市侩气的奸商而蒙受污名，倒不如死在荒郊野外，还能保持清白的名声及尸骨。

阅典笔记

古代的义利观是重义而轻利。所以，古人对中介经纪，对于经商贸易的人是看不起的，以为他们奸猾而失去了人的本性。此处不论其对错，但历史上确实涌现出了许多重义重名重节的忠臣义士。当国破家亡时，他们宁肯为国尽忠舍，身以殉义，也不愿失节投降以求生。宁肯“杀身成仁，舍生取义”以全名节，也不愿卑躬屈节一味苟且偷生。这样的无私无畏的精神，成为我们民族的精神瑰宝。

三十

原典

淫奔之妇，矫而为尼；热中之人，激而入道。清净之门，常为淫邪之渊薮也如此。

译文

一个淫荡而跟人私奔的妇女，可以伪装了要到庙里去做尼姑；一个沉迷于权势名位而终日钻营的人，会由于一时激进而遁入空门去当道士。远离红尘极清净的地方，谁知却常常成为淫荡邪恶之徒的聚集之处。

阅典笔记

世事有很多看似矛盾其实却出于必然的事。例如清修于山林而为隐士，本是高雅之士所为，却成了求功名者扬名的途径；佛门本是信徒清修的场所，偏偏有许多六根不净的人要托身其中。至于杨贵妃、武则天出家为尼更是由于政治需要、人际需要，这些人要的只是形式。以此论世事，很多人做事不唯实而只求形式，不行善却得以善名行事骗人，存在着巨大的欺骗性。因此，人事纷陈，真假虚实相叠；天地辽阔，时时处处矛盾。

三十一

原典

谨德须谨于至微之事，施恩务施于不报之人。

译文

谨言慎行必须从最小的地方做起，一个人助人应该帮助那些无法回报你的人。

阅典笔记

品德修养是靠一点一滴积累起来的。生活中可以常见一些人在行事上喜以老粗自居，言称行大事者不拘细节，以此来掩饰自己的粗鲁无知；或者自己做的事往往都是粗鄙不堪、见利忘义之举，却以粗豪作掩饰。一个修养好的人，就是在细微的小事情上同样谨言慎行，不因其小就有违道义，凡是和自己的理想追求不一致的，再小的事也不做。以助人而言，从思想上就不能存有让对方感恩图报的小人之念，如果这样就是一种毫无诚意的伪善。必须为善而不图报，多做些雪中送炭的事，少来些锦上添花。

三十二

原典

欲做精金美玉的人品，定从烈火中煅来；思立掀天揭地的事功，须向薄冰上履过。

译文

要想追求那种金玉般纯洁的品德，必须到轰轰烈烈的事业中去磨炼；要想创立惊天动地的功绩，必须到难关险隘中去拼搏。

阅典笔记

一个受了教育有知识有头脑的人，不可以没有宽广的基础和强韧的毅力。因为无论是自己要有所建树，还是以天下为己任，都是一副沉重的担子。挑上这副担子，一直到死才能放下，没有宽广的基础和强韧的毅力是不行的。孔子的弟子曾参曾说："士不可以不宏毅，任重而道远。"从禅宗的角度来看，禅，就在我们眼前，就在我们身边，就在我们的心底。然而，要想把这个活活泼泼的禅机参透，却非易事。佛经上强调："难行能行，难忍能忍，难舍能舍。"为了参禅，必须迎风屹立，逆流而上。达摩祖师在少林寺面壁九年，用自己的实际行动告诉后人：参禅必须参到心如墙壁，静观己心，则可安心；参禅就是实践"四行"，使行为与真道冥符；参禅必须严守戒律，远离一切欲念的束缚。这一切，都是对人信念与毅力的严格考验。

三十三

原典

一念错，便觉百行皆非，防之当如渡海浮囊，勿容一针之罅漏；万善全，始得一生无愧，修之当如凌云宝树，须假众木以撑持。

译文

因为一念之差而办错了事，就会使你觉得所有行为都有过失，所以谨防差错就像渡海携带的气囊容不得针尖大的一点裂缝一样；什么样的好事都做，才能使人一生无愧无悔，所以修身就像西方佛地的凌云宝树要靠众多的林木扶持一样，要多多积累善行。

阅典笔记

楚怀王曾与项羽、刘邦约定，先入关者为王。结果刘邦的十万军队首先攻入咸阳，推翻了秦朝，屯驻在霸上。项羽率领四十万大军晚到了一步，驻扎在新丰、鸿门。项羽的谋士范增说："从刘邦入关后的情况来看，他的志向不小，将来能够与大王争天下的必是他，不如趁他现在羽翼未丰的时候把他除掉，以免将来后患无穷。"项羽同意设鸿门宴处死刘邦。但是在鸿门宴上刘邦一再称颂恭维项羽，项羽竟非常得意，起了仁义之心使刘邦得以脱身。

项羽这一念之差，使得刘邦得以迅速壮大，最后在垓下之战中逼得自己乌江自刎。

三十四

原典

得趣不在多，盆池拳石间烟霞俱足；会景不在远，蓬窗竹屋下风月自赊。

译文

真正的生活乐趣并不在多，只要有一个小小的池塘和几块奇怪岩石，山川景色就已经齐全；领悟大自然景色不必远求，只要在竹屋、茅窗下静坐，让清风拂面、明月照人就足以享受，使人心胸自然觉得旷远辽阔。

阅典笔记

此篇告诉我们，生活需要新意，要有乐趣，要有所追求，但心中的欲望不要太多。万事不可贪多，贪大，求全，要适可而止，知足而乐。比如，文章不要追求写多少，能有一篇精品，既能自娱自乐，又能吸引他人，这就是成功；养花不在多，能有一盆让人爽心悦目就比那种遍地开花却没有新意的强过百倍；爱好不在多，关键是学有所长，用有所长；朋友不在多，能有一个知心的就此生无憾了。当然，真正的乐趣应高雅、文明，要置身于名利之外，用一颗清静的心、干净的心、平常的心去看待复杂的世界，才能体会到世间的乐事和真趣。

三十五

原 典

衮冕行中，着一藜杖的山人，便增一段高风；渔樵路上，着一衮衣的朝士，转添许多俗气。故知浓不胜淡，俗不如雅也。

译 文

在高官显贵之中，如果出现一位手持藜杖、身穿粗布大衣裳的雅士，自然就会增加无限清高风采；在渔夫樵夫中，假如加入一个身穿华丽朝服的达官，反而有煞风景，增加很多俗气。由此可见，荣华富贵并不如清淡宁静，红尘世俗并不如山野清雅。

阅典笔记

五祖法演和尚说："譬如水牯牛过窗棂，头、脚都过去了，为什么尾巴还过不去？"《佛说给孤长者女得度经》中说："有一次一个国王梦见一头大象爬出了窗户，身子都出去了，尾巴却怎么也出不去，被窗子框住了。它比喻求悟之人虽然舍弃了家眷出家修行，可心里仍贪恋着名利、欲事，而没有真正的解脱。"中国的公案把大象改成了水牯牛。按照经典，牛的尾巴就是名利之念，这不是禅。那么禅的见解又如何呢？禅认为这则公案里有三大宗旨，即理政、机关、向上。

三十六

原典

石火光中争长竞短，几何光阴？蜗牛角上较雌论雄，许大世界？

译文

人生就像用铁击石所发出的火光一闪即逝，在这种短暂的生命时光中去争夺名利究竟有多少的时间呢？人类在宇宙中所占的空间就像蜗牛角那么小，又有多大空间容得下人们争强斗胜？

阅典笔记

云门和尚说过：“世界这么广阔，依照本来的面目行事、变化，为什么僧人听钟声，就非得披上袈裟出去不可呢？”这里强调的是不容一丝杂念的本来面目。所谓石火之机快如闪电。如果有人叫你，你就随即答应他。如果有人叫你的名字时，你先思考一番“他叫我干什么？”等等，你就是自生烦恼。我们常说的“闪电光，击石火”的禅语，不只是指反应迅速，它的真正意旨是不动智，即发挥智本来的自己的作用。唯有不动心地、自然而然地、不瞻前顾后地行动做事，才是真正禅的态度。

三十七

原典

竹篱下，忽闻犬吠鸡鸣，恍似云中世界；芸窗下，雅听蝉吟鸦噪，方知静里乾坤。

译文

当你正在竹篱笆外面欣赏林泉之胜，忽然传来鸡鸣狗叫的声音，这时就宛如置身于一个虚无缥缈的快乐神话世界；当你正静坐在书房里面，忽然听到蝉鸣鸦啼的声音，这时你就会体会到宁静中别有一番超凡脱俗的天地。

阅典笔记

社会在不断前进，也更加文明了。然而文明社会的一个缺点就是造成人与自然的日益分离。人类以牺牲自然为代价，其结果便是陷于世俗的泥淖而无法自拔，追逐于外在的礼法与物欲而不知什么是真正的美。人生是一个旅程，最重要的是沿途的风景。所以我们不能一味奔跑，而要时不时停下来看看。只有做到了宠辱不惊、去留无意方能心态平和，恬然自得，方能达观进取，笑看人生。著名的社会活动家、杰出的爱国宗教领袖赵朴初同志遗作中写道:生亦欣然，死亦无憾。花落还开，水流不断。我兮何有，谁欤安息。明月清风，不劳牵挂。这正充分体现了一种宠辱不惊、去留无意的达观、崇高的精神境界。

菜 根 谭

[明] 洪应明

余过古刹，于残经败纸中拾得《菜根谭》一录。翻视之，虽属禅宗，然于身心性命之学，实有隐隐相发明者。亟携归，重加校雠，缮写成帙。旧有序，文不雅驯，且于是书无关涉语，故芟之。著是书者为洪应明，究不知其为何许人也。

乾隆五十九年二月二日，遂初堂主人识

修 身

欲做精金美玉的人品，定从烈火中煅来；思立掀天揭地的事功，须向薄冰上履过。

一念错，便觉百行皆非，防之当如渡海浮囊，勿容一针之罅漏；万善全，始得一生无愧，修之当如凌云宝树，须假众木以撑持。

忙处事为，常向闲中先检点，过举自稀；动时念想，预从静里密操持，非心自息。

为善而欲自高胜人，施恩而欲要名结好，修业而欲惊世骇俗，植节而欲标异见奇，此皆是善念中戈矛、理路上荆棘，最易夹带、最难拔除者也。须是涤尽渣滓，斩绝萌芽，才见本来真体。

能轻富贵，不能轻一轻富贵之心；能重名义，又复重一重名义之念。是事境之尘氛未扫，而心境之芥蒂未忘。此处拔除不净，恐石去而草复生矣。

纷扰固溺志之场，而枯寂亦槁心之地。故学者当栖心元默，以宁吾真体；亦当适志恬愉，以养吾圆机。

昨日之非不可留，留之则根烬复萌，而尘情终累乎理趣；今日之是不可执，执之则渣滓未化，而理趣反转为欲根。

无事便思有闲杂念想否，有事便思有粗浮意气否；得意便思有骄矜辞色否，失意便思有怨望情怀否。时时检点，到得从多入少、从有入无处，才是学问的真消息。

士人有百折不回之真心，才有万变不穷之妙用。

立业建功，事事要从实地着脚，若少慕声闻，便成伪果；讲道修德，念念要从虚处立基，若稍计功效，便落尘情。

身不宜忙，而忙于闲暇之时，亦可儆惕惰气；心不可放，而放于收摄之后，亦可鼓畅天机。

钟鼓体虚，为声闻而招击撞；麋鹿性逸，因豢养而受羁縻。可见名为招祸之本，欲乃散志之媒。学者不可不力为扫除也。

一念常惺，才避去神弓鬼矢；纤尘不染，方解开地网天罗。

一点不忍的念头，是生民生物之根芽；一段不为的气节，是撑天撑地之柱石。故君子于一虫一蚁不忍伤残，一缕一丝勿容贪冒，变可为万物立命、天地立心矣。

拨开世上尘氛，胸中自无火炎冰兢；消却心中鄙吝，眼前时有月到风来。

学者动静殊操，喧寂异趣，还是锻炼未熟，心神混淆故耳。须是操存涵养，定云止水中有鸢飞鱼跃的景象，风狂雨骤处有波恬浪静的风光，才见处一化齐之妙。

心是一颗明珠。以物欲障蔽之，犹明珠而混以泥沙，其洗涤犹易；以情识衬贴之，犹明珠而饰以银黄，其洗涤最难。故学者不患垢病，而患洁病之难治；不畏事障，而畏理障之难除。

躯壳的我要看得破，破则万有皆空而其心常虚，虚则义理来居；性命的我要认得真，真则万理皆备而其心常实，实则物欲不入。

面上扫开十层甲，眉目才无可憎；胸中涤去数斗尘，语言方觉有味。

完得心上之本来，方可言了心；尽得世间之常道，才堪论出世。

我果为洪炉大冶，何患顽金钝铁之不可陶熔？我果为巨海长江，何患横流污渎之不能容纳？

白日欺人，难逃清夜之鬼报；红颜失志，空贻皓首之悲伤。

以积货财之心积学问，以求功名之念求道德，以爱妻子之心爱父母，以保爵位之策保国家。出此入彼，念虑只差毫末，而超凡入圣，人品且判星渊矣。人胡不猛然转念哉！

立百福之基，只在一念慈祥；开万善之门，无如寸心挹损。

塞得物欲之路，才堪辟道义之门；弛得尘俗之肩，方可挑圣贤之担。

容得性情上偏私，便是一大学问；消得家庭内嫌雪，才为火内栽莲。

事理因人言而悟者，有悟还有迷，总不如自悟之了了；意兴从外境而得者，有得还有失，总不如自得之休休。

情之同处即为性，舍情则性不可见；欲之公处即为理，舍欲则理不可明。故君子不能灭情，惟事平情而已；不能绝欲，惟期寡欲而已。

欲遇变而无仓忙，须向常时念念守得定；欲临死而无贪恋，须向生时事事看得轻。

一念过差，足丧生平之善；终身检饬，难盖一事之愆。

从五更枕席上参勘心体，气未动，情未萌，才见本来面目；向三时饮食中谙练世味，浓不欣，淡不厌，方为切实工夫。

应　酬

操存要有真宰，无真宰则遇事便倒，何以植顶天立地之砥柱！应用要有圆机，无圆机则触物有碍，何以成旋乾转坤之经纶！

士君子之涉世，于人不可轻为喜怒，喜怒轻则心腹肝胆皆为人所窥；于物不可重为爱憎，爱憎重则意气精神悉为物所制。

倚高才而玩世，背后须防射影之虫；饰厚貌以欺人，面前恐有照胆之镜。

心体澄彻，常在明镜止水之中，则天下自无可厌之事；意气和平，赏在丽日光风之内，则天下自无可恶之人。

当是非邪正之交，不可少迁就，少迁就则失从违之正；值利害得失之会，不可太分明，太分明则起趋避之私。

苍蝇附骥，捷则捷矣，难辞处后之羞；萝茑依松，高则高矣，未免仰攀之耻。所以君子宁以风霜自挟，毋为鱼鸟亲人。

好丑心太明，则物不契；贤愚心太明，则人不亲。士君子须是内精明而外浑厚，使好丑两得其平，贤愚共受其益，才是生成的德量。

伺察以为明者，常因明而生暗，故君子以恬养智；奋迅以为速者，多因速度而致迟，故君子以重持轻。

士君子济人利物，宜居其实，不宜居其名，居其名则德损；士大夫忧国为民，当有其心，不当有其语，有其语则毁来。

遇大事矜持者，小事必纵弛；处明庭检饬者，暗室必放逸。君子只是一个念头持到底，自然临小事如临大敌，坐密室若坐通衢。

使人有面前之誉，不若使其无背后之毁；使人有乍交之欢，不若使其无久处之厌。

善启迪人心者，当因其所明而渐通之，毋强开其所闭；善移风化者，当因其所易而渐及之，毋轻矫其所难。

彩笔描空，笔不落色，而空亦不受染；利刀割水，刀不损锷，而水亦不留痕。得此意以持身涉世，感与应俱适，心与境两忘矣。

己之情欲不可纵，当用逆之之法以制之，其道只在一“忍”字；人之情欲不可拂，当用顺之之法以调之，其道只在一“恕”字。今人皆恕以适己而忍以制人，毋乃不可乎！

好察非明，能察能不察之谓明；必胜非勇，能胜能不胜之谓勇。

随时之内善救时，若和风之消酷暑；混俗之中能脱俗，似淡月之映轻云。

思入世而有为者，须先领得世外风光，否则无以脱垢浊之尘缘；思出世而无染者，须先谙尽世中滋味，否则无以持空寂之苦趣。

与人者，与其易疏于终，不若难亲于始；御事者，与其巧持于后，不若拙守于前。

酷烈之祸，多起于玩忽之人；盛满之功，常败于细微之事。故语云："人人道好，须防一人着恼；事事有功，须防一事不终。"

功名富贵，直从灭处观究竟，则贪恋自轻；横逆困穷，直从起处究由来，则怨尤自息。

宇宙内事要力担当，又要善摆脱。不担当，则无经世之事业；不摆脱，则无出世之襟期。

待人而留有余，不尽之恩礼，则可以维系无厌之人心；御事而留有余，不尽之才智，则可以提防不测之事变。

了心自了事，犹根拔而草不生；逃世不逃名，似膻存而蚋仍集。

仇边之弩易避，而恩里之戈难防；苦时之坎易逃，而乐处之阱难脱。

膻秽则蝇蚋丛嘬，芳馨则蜂蝶交侵。故君子不作垢业，亦不立芳名。只是元气浑然，圭角不露，便是持身涉世一安乐窝也。

从静中观物动，向闲处看人忙，才得超尘脱俗的趣味；遇忙处会偷闲，处闹中能取静，便是安身立命的工夫。

邀千百人之欢，不如释一人之怨；希千百事之荣，不如免一事之丑。

落落者，难合亦难分；欣欣者，易亲亦易散。是以君子宁以刚方见惮，毋以媚悦取容。

意气与天下相期，如春风之鼓畅庶类，不宜存半点隔阂之形；肝胆与天下相照，似秋月之洞彻群品，不可作一毫暧昧之状。

仕途虽赫奕，常思林下的风味，则权势之念自轻；世途虽纷华，常思泉下的光景，则利欲之心自淡。

鸿未至先援弓，兔已亡再呼矢，总非当机作用；风息时休起浪，岸到处便离船，才是了手工夫。

从热闹场中出几句清冷言语，便扫除无限杀机；向寒微路上用一点赤热心肠，自培植许多生意。

随缘便是遣缘，似舞蝶与飞花共适；顺事自然无事，若满月偕盂水同圆。

淡泊之守，须从浓艳场中试来；镇定之操，还向纷纭境上勘过。不然操持未定，应用未圆，恐一临机登坛，而上品禅师又成一下品俗士矣。

廉所以戒贪。我果不贪，又何必标一廉名，以来贪夫之侧目。让所以戒争。我果不争，又何必立一让的，以致暴客之弯弓。

无事常如有事时，提防才可以弥意外之变；有事常如无事时，镇定方可以消局中之危。

处世而欲人感恩，便为敛怨之道；遇事而为人除害，即是导利之机。

持身如泰山九鼎凝然不动，则愆尤自少；应事若流水落花悠然而逝，则趣味常多。

君子严如介石而畏其难亲，鲜不以明珠为怪物而起按剑之心；小人滑如脂膏而喜其易合，鲜不以毒螫为甘饴而纵染指之欲。

遇事只一味镇定从容，纵纷若乱丝，终当就绪；待人无半毫矫伪欺隐，虽狡如山鬼，亦自献诚。

肝肠煦若春风，虽囊乏一文，还怜茕独；气骨清如秋水，纵家徒四壁，终傲王公。

讨了人事的便宜，必受天道的亏；贪了世味的滋益，必招性分的损。涉世者宜审择之，慎毋贪黄雀而坠深井，舍隋珠而弹飞禽也。

费千金而结纳贤豪，孰若倾半瓢之粟，以济饥饿之人；构千楹而招来宾客，孰若葺数椽之茅，以庇孤寒之士。

解斗者助之以威，则怒气自平；惩贪者济之以欲，则利心反淡。所谓因其势而利导之，亦救时应变一权宜法也。

市恩不如报德之为厚，雪忿不若忍耻为高，要誉不如逃名之为适，矫情不若直节之为真。

救既败之事者，如驭临崖之马，休轻策一鞭；图垂成之功者，如挽上滩之舟，莫少停一棹。

先达笑弹冠，休向侯门轻曳裾；相知犹按剑，莫从世路暗投珠。

杨修之躯见杀于曹操，以露己之长也；韦诞之墓见伐于钟繇，以秘己之美也。故哲士多匿采以韬光，至人常逊美而公善。

少年的人，不患其不奋迅，常患以奋迅而成卤莽，故当抑其躁心；老成的人，不患其不持重，常患以持重而成退缩，故当振其惰气。

望重缙绅，怎似寒微之颂德？朋来海宇，何如骨肉之孚心？

舌存常见齿亡，刚强终不胜柔弱；户朽未闻枢蠹，偏执岂能及圆融。

评 议

物莫大于天地日月，而子美云："日月笼中鸟，乾坤水上萍。"事莫大于揖逊征诛，而康节云："唐虞揖逊三杯酒，汤武征诛一局棋。"人能以此胸襟眼界吞吐六合，上下千古，事来如沤生大海，事去如影灭长空，自经纶万变而不动一尘矣。

君子好名，便起欺人之念；小人好名，犹怀畏人之心。故人而皆好名，则开诈善之门；使人而不好名，则绝为善之路。此讥好名者，当严责君子，不当过求于小人也。

大恶多从柔处伏，哲士须防绵里之针；深仇常自爱中来，达人宜远刀头之蜜。

持身涉世，不可随境而迁。须是大火流金而清风穆然，严霜杀物而和气蔼然，阴霾翳空而慧日朗然，洪涛倒海而砥柱屹然，方是宇宙内的真人品。

爱是万缘之根，当知割舍；识是众欲之本，要力扫除。

作人要脱俗，不可存一矫俗之心；应世要随时，不可起一趋时之念。

宁有求全之毁，不可有过情之誉；宁有无妄之灾，不可有非分之福。

毁人者不美，而受人毁者遭一番讪谤便加一番修省，可释回而增美；欺人者非福，而受人欺者遇一番横逆便长一番器宇，可以转祸而为福。

梦里悬金佩玉，事事逼真，睡去虽真觉后假；闲中演偈谈玄，言言酷似，说来虽是用时非。

天欲祸人，必先以微福骄之，所以福来不必喜，要看他会受；天欲福人，必先以微祸儆之，所以祸来不必忧，要看他会救。

荣与辱共蒂，厌辱何须求荣；生与死同根，贪生不必畏死。

作人只是一味率真，踪迹虽隐还显；存心若有半毫未净，事为虽公亦私。

鹩占一枝，反笑鹏心奢侈；兔营三窟，转嗤鹤垒高危。智小者不可以谋大，趣卑者不可与谈高。信然矣！

贫贱骄人，虽涉虚骄，还有几分侠气；英雄欺世，纵似挥霍，全没半点真心。

糟糠不为彘肥，何事偏贪钩下饵；锦绮岂因牺贵，谁人能解笼中囮。

琴书诗画，达士以之养性灵，而庸夫徒赏其迹象；山川云物，高人以之助学识，而俗子徒玩其光华。可见事物无定品，随人识见以为高下。故读书穷理，要以识趣为先。

美女不尚铅华，似疏梅之映淡月；禅师不落空寂，若碧沼之吐青莲。

廉官多无后，以其太清也；痴人每多福，以其近厚也。故君子虽重廉介，不可无含垢纳污之雅量；虽戒痴顽，亦不必有察渊洗垢之精明。

密则神气拘逼，疏则天真烂漫，此岂独诗文之工拙从此分哉？吾见周密之人纯用机巧，疏狂之士独任性真，人心之生死亦于此判也。

翠筱傲严霜，节纵孤高，无伤冲雅；红蕖媚秋水，色虽艳丽，何损清修。

贫贱所难，不难在砥节，而难在用情；富贵所难，不难在推恩，而难在好礼。

簪缨之士，常不及孤寒之子可以抗节致忠；庙堂之士，常不及山野之夫可以料事烛理。何也？彼以浓艳损志，此以淡泊全真也。

荣宠旁边辱等待，不必扬扬；困穷背后福跟随，何须戚戚。

古人闲适处，今人却忙过了一生；古人实受处，今人又虚度了一世。总是耽空逐妄，看个色身不破，认个法身不真耳。

芝草无根醴无源，志士当勇奋翼；彩云易散琉璃脆，达人当早回头。

少壮者，事事当用意而意反轻，徒泛泛作水中凫而已，何以振云霄之翮？衰老者，事事宜忘情而情反重，徒碌碌为辕下驹而已，何以脱缰锁之身？

帆只扬五分，船便安；水只注五分，器便稳。如韩信以勇备震主被擒，陆机以才名冠世见杀，霍光败于权势逼君，石崇死于财赋敌国，皆以十分取败者也。康节云："饮酒莫教成酩酊，看花慎勿至离披。"旨哉言乎！

附势者如寄生依木，木伐而寄生亦枯；窃利者如蠹虫盗人，人死而蠹虫亦灭。始以势利害人，终以势利自毙。势利之为害也，如是夫！

失血于杯中，堪笑猩猩之嗜酒；为巢于幕上，可怜燕燕之偷安。

鹤立鸡群，可谓超然无侣矣。然进而观于大海之鹏，则眇然自小。又进而求之九霄之凤，则巍乎莫及。所以至人常若无若虚，而盛德多不矜不伐也。

贪心胜者，逐兽而不见泰山在前，弹雀而不知深井在后；疑心胜者，见弓影而惊杯中之蛇，听人言而信市上之虎。人心一偏，遂视有为无，造无作有。如此，心可妄动乎哉！

蛾扑火，火焦蛾，莫谓祸生无本；果种花，花结果，须知福至有因。

车争险道，马骋先鞭，到败处未免噬脐；粟喜堆山，金夸过斗，临行时还是空手。

花逞春光，一番雨一番风，催归尘土；竹坚雅操，几朝霜几朝雪，傲就琅玕。

富贵是无情之物，看得他重，他害你越大；贫贱是耐久之交，处得他好，他益你必多。故贪商於而恋金谷者，竟被一时之显戮；乐箪瓢而甘敝缊者，终享千载之令名。

鸽恶铃而高飞，不知敛翼而铃自息；人恶影而疾走，不知处阴而影自灭。故愚夫徒疾走高飞，而平地反为苦海；达士知处阴敛翼，而巉岩亦是坦途。

秋虫春鸟共畅天机，何必浪生悲喜；老树新花同含生意，胡为妄别媸妍。

多栽桃李少栽荆，便是开条福路；不积诗书偏积玉，还如筑个祸基。

万境一辙，原无地著个穷通；万物一体，原无处分个彼我。世人迷真逐妄，乃向坦途上自设一坷坎，从空洞中自筑一藩蓠。良足慨哉!

大聪明的人，小事必朦胧；大懵懂的人，小事必伺察。盖伺察乃懵懂之根，而朦胧正聪明之窟也。

大烈鸿猷，常出悠闲镇定之士，不必忙忙；休征景福，多集宽洪长厚之家，何须琐琐?

贫士肯济人，才是性天中惠泽；闹场能学道，方为心地上工夫。

人生只为“欲”字所累，便如马如牛，听人羁络；为鹰为犬，任物鞭笞。若果一念清明，淡然无欲，天地也不能转动我，鬼神也不能役使我，况一切区区事物乎！

贫得者身富而心贫，知足者身贫而心富；居高者形逸而神劳，处下者形劳而神逸。孰得孰失，孰幻孰真，达人当自辨之。

众人以顺境为乐，而君子乐自逆境中来；众人以拂意为忧，而君子忧从快意处起。盖众人忧乐以情，而君子忧乐以理也。

谢豹覆面，犹知自愧；唐鼠易肠，犹知自悔。盖愧悔二字，乃吾人去恶迁善之门、起死回生之路也。人生若无此念头，便是既死之寒灰，已枯之槁木矣。何处讨些生理？

异宝奇琛，俱是必争之器；瑰节琦行，多冒不祥之名。总不若寻常历履、易简行藏，可以完天地浑噩之真，享民物和平之福。

福善不在杳冥，即在食息起居处牖其衷；祸淫不在幽渺，即在动静语默间夺其魄。可见人之精爽常通于天，天之威命即寓于人，天人岂相远哉！

闲适

昼闲人寂，听数声鸟语悠扬，不觉耳根尽彻；夜静天高，看一片云光舒卷，顿令眼界俱空。

世事如棋局，不着的才是高手；人生似瓦盆，打破了方见真空。

龙可豢非真龙，虎可搏非真虎。故爵禄可饵荣进之辈，必不可笼淡然无欲之人；鼎镬可及宠利之流，必不可加飘然远引之士。

一场闲富贵，狠狠争来，虽得还是失；百岁好光阴，忙忙过了，纵寿亦为夭。

高车嫌地僻，不如鱼鸟解亲人；驷马喜门高，怎似莺花能避俗？

红烛烧残，万念自然厌冷；黄粱梦破，一身亦似云浮。

千载奇逢，无如好书良友；一生清福，只在碗茗炉烟。

蓬茅下诵诗读书，日日与圣贤晤语，谁云贫是病？樽垒边幕天席地，时时共造化氤氲，孰谓醉非禅？

兴来醉倒落花前，天地即为衾枕；机息坐忘磐石上，古今尽属蜉蝣。

昴藏老鹤虽饥，饮啄犹闲，肯同鸡鹜之营营而竞食？偃蹇寒松纵老，丰标自在，岂似桃李之灼灼而争妍！

吾人适志于花柳烂漫之时，得趣于笙歌腾沸之处，乃是造化之幻境、人心之荡念也。须从木落草枯之后，向声希味淡之中，觅得一些消息，才是乾坤的橐籥、人物的根宗。

静处观人事，即伊吕之勋庸、夷齐之节义，无非大海浮沤；闲中玩物情，虽木石之偏枯、鹿豕之顽蠢，总是吾性真如。

花开花谢春不管，拂意事休对人言；水暖水寒鱼自知，会心处还期独赏。

闲观扑纸蝇，笑痴人自生障碍；静觇竞巢鹊，叹杰士空逞英雄。

看破有尽身躯，万境之尘缘自息；悟入无怀境界，一轮之心月独明。

木床石枕冷家风，拥衾时魂梦亦爽；麦饭豆羹淡滋味，放箸处齿颊犹香。

谈纷华而厌者，或见纷华而喜；语淡泊而欣者，或处淡泊而厌。须扫除浓淡之见，灭却欣厌之情，才可以忘纷华而甘淡泊也。

"鸟惊心""花溅泪",怀此热肝肠,如何领取得冷风月?"山写照""水传神",识吾真面目,方可摆脱得幻乾坤。

富贵得一世宠荣,到死时反增了一个"恋"字,如负重担;贫贱得一世清苦,到死时反脱了一个"厌"字,如释重枷。人诚想念到此,当急回贪恋之首而猛舒愁苦之眉矣。

人之有生也,如太仓之粒米,如灼目之电光,如悬崖之朽木,如逝海之巨波。知此者如何不悲?如何不乐?如何看他不破而怀贪生之虑?如何看他不重而贻虚生之羞?

鹬蚌相持,兔犬共毙,冷觑来令人猛气全消;鸥凫共浴,鹿豕同眠,闲观去使我机心顿息。

迷则乐境成苦海,如水凝为冰;悟则苦海为乐境,犹冰涣作水。可见苦乐无二境,迷悟非两心,只在一转念间耳。

遍阅人情,始识疏狂之足贵;备尝世味,方知淡泊之为真。

地宽天高,尚觉鹏程之窄小;云深松老,方知鹤梦之悠闲。

两个空拳握古今,握住了还当放手;一条竹杖挑风月,挑到时也要息肩。

阶下几点飞翠落红,收拾来无非诗料;窗前一片浮青映白,悟入处尽是禅机。

忽睹天际彩云,常疑好事皆虚事;再观山中古木,方信闲人是福人。

东海水曾闻无定波,世事何须扼腕?北邙山未省留闲地,人生且自舒眉。

天地尚无停息,日月且有盈亏,况区区人世能事事圆满而时时暇逸乎?

只是向忙里偷闲，遇缺处知足，则操纵在我，作息自如，即造物不得与之论劳逸较亏盈矣！

“霜天闻鹤唳，雪夜听鸡鸣”，得乾坤清纯之气；“晴空看鸟飞，活水观鱼戏”，识宇宙活泼之机。

闲烹山茗听瓶声，炉内识阴阳之理；漫履楸枰观局戏，手中悟生杀之机。

芳菲园林看蜂忙，觑破几般尘情世态；寂寞衡茅观燕寝，引起一种冷趣幽思。

会心不在远，得趣不在多。盆池拳石间便居然有万里山川之势，片言只语内便宛然见万古圣贤之心，才是高士的眼界、达人的胸襟。

心与竹俱空，问是非何处安脚？貌偕松共瘦，知忧喜无由上眉。

趋炎虽暖，暖后更觉寒威；食蔗能甘，甘余便生苦趣。何似养志于清修而炎凉不涉，栖心于淡泊而甘苦俱忘，其自得为更多也。

席拥飞花落絮，坐林中锦绣团裀；炉烹白雪清冰，熬天上玲珑液髓。

逸态闲情，惟期自尚，何事外修边幅；清标傲骨，不愿人怜，无劳多买胭脂。

天地景物，如山间之空翠、水上之涟漪、潭中之云影、草际之烟光、月下之花容、风中之柳态，若有若无，半真半幻，最足以悦人心目而豁人性灵，真天地间一妙境也。

“乐意相关禽对语，生香不断树交花”，此是无彼无此的真机；“野色更无山隔断，天光常与水相连”，此是彻上彻下的真境。吾人时时以此景象注之心目，何患心思不活泼，气象不宽平！

鹤唳、雪月、霜天，想见屈大夫醒时之激烈；鸥眠、春风、暖日，会知陶处士醉里之风流。

黄鸟情多，常向梦中呼醉客；白云意懒，偏来僻处媚幽人。

栖迟蓬户，耳目虽拘而神情自旷；结纳山翁，仪文虽略而意念常真。

满室清风满几月，坐中物物见天心；一溪流水一山云，行处时时观妙道。

炮凤烹龙，放箸时与齑盐无异；悬金佩玉，成灰处共瓦砾何殊。

“扫地白云来”，才着工夫便起障；“凿池明月入”，能空境界自生明。

造花唤作小儿，切莫受渠戏弄；天地丸为大块，须要任我炉锤。

想到白骨黄泉，壮士之肝肠自冷；坐老清溪碧嶂，俗流之胸次亦闲。

夜眠八尺，日啖二升，何须百般计较？书读五车，才分八斗，未闻一日清闲。

概　论

君子之心事，天青日白，不可使人不知；君子之才华，玉韫珠藏，不可使人易知。

耳中常闻逆耳之言，心中常有拂心之事，才是进德修行的砥石。若言言悦耳，事事快心，便把此生埋在鸩毒中矣。

疾风怒雨，禽鸟戚戚；霁月光风，草木欣欣。可见天地不可一日无和气，人心不可一日无喜神。

醲肥辛甘非真味，真味只是淡；神奇卓异非至人，至人只是常。

夜深人静独坐观心，始知妄穷而真独露，每于此中得大机趣；既觉真现而妄难逃，又于此中得大惭愧。

恩里由来生害，故快意时须早回头；败后或反成功，故拂心处切莫放手。

藜口苋肠者，多冰清玉洁；衮衣玉食者，甘婢膝奴颜。盖志以淡泊明，而节从肥甘丧矣。

面前的田地要放得宽，使人无不平之叹；身后的惠泽要流得长，使人有不匮之思。

路径窄处留一步，与人行；滋味浓的减三分，让人嗜。此是涉世一极乐法。

作人无甚高远的事业，摆脱得俗情便入名流；为学无甚增益的工夫，减除得物累便臻圣境。

宠利毋居人前，德业毋落人后，受享毋逾分外，修持毋减分中。

处世让一步为高，退步即进步的张本；待人宽一分是福，利人实利己的根基。

盖世的功劳，当不得一个“矜”字；弥天的罪过，当不得一个“悔”字。

完名美节，不宜独任，分些与人，可以远害全身；辱行污名，不宜全推，引些归己，可以韬光养德。

事事要留个有余不尽的意思，便造物不能忌我，鬼神不能损我。若业必求满，功必求盈者，不生内变，必招外忧。

家庭有个真佛，日用有种真道，人能诚心和气、愉色婉言，使父母兄弟间形体两释，意气交流胜于洞息观心万倍也。

攻人之恶毋太严，要思其堪受；教人以善毋过高，当使其可从。

粪虫至秽变为蝉，而饮露于秋风；腐草无光化为萤，而耀采于夏月。故知洁常自污出，明每从暗生也。

矜高倨傲，无非客气降伏得，客气下而后正气伸；情欲意识，尽属妄心消杀得，妄心尽而后真心现。

饱后思味，则浓淡之境都消；色后思淫，则男女之见尽绝。故人当以事后之悔，悟破临事之痴迷，则性定而动无不正。

居轩冕之中，不可无山林的气味；处林泉之下，须要怀廊庙的经纶。

处世不必邀功，无过便是功；与人不要感德，无怨便是德。

忧勤是美德，太苦则无以适性怡情；淡泊是高风，太枯则无以济人利物。

事穷势蹙之人，当原其初心；功成行满之士，要观其末路。

富贵家宜宽厚而反忌克，是富贵而贫贱，其行如何能享？聪明人宜敛藏而反炫耀，是聪明而愚懵，其病如何不败！

人情反覆，世路崎岖。行不去，须知退一步之法；行得去，务加让三分之功。

待小人不难于严，而难于不恶；待君子不难于恭，而难于有礼。

宁守浑噩而黜聪明，留些正气还天地；宁谢纷华而甘淡泊，遗个清名在乾坤。

降魔者先降其心，心伏则群魔退听；驭横者先驭其气，气平则外横不侵。

养弟子如养闺女，最要严出入，谨交游。若一接近匪人，是清净田中下一不净的种子，便终身难植嘉苗矣。

欲路上事，毋乐其便而姑为染指，一染指便深入万仞；理路上事，毋惮其难而稍为退步，一退步便远隔千山。

念头浓者自待厚，待人亦厚，处处皆厚；念头淡者自待薄，待人亦薄，事事皆薄。故君子居常嗜好，不可太浓艳，亦不宜太枯寂。

彼富我仁，彼爵我义，君子故不为君相所牢笼；人定胜天，志一动气，君子亦不受造化之陶铸。

立身不高一步立，如尘里振衣，泥中濯足，如何超达？处世不退一步处，如飞蛾投烛，羝羊触藩，如何安乐？

学者要收拾精神并归一处。如修德而留意于事功名誉，必无实诣；读书而寄兴于吟咏风雅，定不深心。

人人有个大慈悲，维摩屠刽无二心也；处处有种真趣味，金屋茅檐非两地也。只是欲闭情封，当面错过，便咫尺千里矣。

进德修行，要个木石的念头，若一有欣羡便趋欲境；济世经邦，要段云水的趣味，若一有贪著便堕危机。

肝受病则目不能视，肾受病则耳不能听。病受于人所不见，必发于人所共见。故君子欲无得罪于昭昭，先无得罪于冥冥。

福莫福于少事，祸莫祸于多心。惟苦事者方知少事之为福，惟平心者始知多心之为祸。

处治世宜方，处乱世当圆，处叔季之世当方圆并用；待善人宜宽，待恶人当严，待庸众之人宜宽严互存。

我有功于人不可念，而过则不可不念；人有恩于我不可忘，而怨则不可不忘。

心地干净，方可读书学古。不然，见一善行，窃以济私；闻一善言，假以覆短。是又藉寇兵而赍盗粮矣。

奢者富而不足，何如俭者贫而有余；能者劳而伏怨，何如拙者逸而全真。

读书不见圣贤，如铅椠佣；居官不爱子民，如衣冠盗；讲学不尚躬行，如口头禅；立业不思种德。如眼前花。

人心有部真文章，都被残编断简封固了；有部真鼓吹，都被妖歌艳舞湮没了。学者须扫除外物直觅本来，才有个真受用。

苦心中常得悦心之趣，得意时便生失意之悲。

富贵名誉自道德来者，如山林中花，自是舒徐繁衍；自功业来者，如盆槛中花，便有迁徙废兴；若以权力得者，如瓶钵中花，其根不植，其萎可立而待矣。

栖守道德者，寂寞一时；依阿权势者，凄凉万古。达人观物外之物，思身后之身，宁受一时之寂寞，毋取万古之凄凉。

春至时和，花尚铺一段好色，鸟且啭几句好音。士君子幸列头角，复遇温饱，不思立好言、行好事，虽是在世百年，恰似未生一日。

学者有段兢业的心思，又要有段潇洒的趣味。若一味敛束清苦，是有秋杀无春生，何以发育万物？

真廉无廉名，立名者正所以为贪；大巧无巧术，用术者乃所以为拙。

心体光明，暗室中有青天；念头暗昧，白日下有厉鬼。

人知名位为乐，不知无名无位之乐为最真；人知饥寒为忧，不知不饥不寒之忧为更甚。

为恶而畏人知，恶中犹有善路；为善而急人知，善处即是恶根。

天之机缄不测，抑而伸，伸而抑，皆是播弄英雄、颠倒豪杰处。君子只是逆来顺受，居安思危，天亦无所用其伎俩矣。

福不可邀，养喜神以为招福之本；祸不可避，去杀机以为远祸之方。

十语九中未必称奇，一语不中，则愆尤骈集；十谋九成未必归功，一谋不成则訾议丛兴。君子所以宁默毋躁，宁拙毋巧。

天地之气，暖则生，寒则杀。故性气清冷者，受享亦凉薄。惟气和暖心之人，其福亦厚，其泽亦长。

天理路上甚宽，稍游心胸中，使觉广大宏朗；人欲路上甚窄，才寄迹眼前，俱是荆棘泥涂。

一苦一乐相磨炼，炼极而成福者，其福始久；一疑一信相参勘，勘极而成知者，其知始真。

地之秽者多生物，水之清者常无鱼。故君子当存含垢纳污之量，不可持好洁独行之操。

泛驾之马可就驰驱，跃冶之金终归型范。只一优游不振，便终身无个进步。白沙云："为人多病未足羞，一生无病是吾忧。"真确实之论也。

人只一念贪私，便销刚为柔，塞智为昏，变恩为惨，染洁为污，坏了一生人品。故古人以不贪为宝，所以度越一世。

耳目见闻为外贼，情欲意识为内贼。只是主人公惺惺不昧，独坐中堂，贼便化为家人矣。

图未就之功，不如保已成之业；悔既往之失，亦要防将来之非。

气象要高旷而不可疏狂，心思要缜密而不可琐屑，趣味要冲淡而不可偏枯，操守要严明而不可激烈。

风来疏竹，风过而竹不留声；雁度寒潭，雁去而潭不留影。故君子事来而心始现，事去而心随空。

清能有容，仁能善断；明不伤察，直不过矫。是谓蜜饯不甜，海味不咸，才是懿德。

贫家净扫地，贫女净梳头。景色虽不艳丽，气度自是风雅。士君子当穷愁寥落，奈何辄自废弛哉！

闲中不放过，忙中有受用；静中不落空，动中有受用；暗中不欺隐，明中有受用。

念头起处，才觉向欲路上去，便挽从理路上来。一起便觉，一觉便转，此是转祸为福、起死回生的关头，切莫轻易错过。

天薄我以福，吾厚吾德以迓之；天劳我以形，吾逸吾心以补之；天扼我以遇，吾亨吾道以通之。天且奈我何哉！

真士无心邀福，天即就无心处牖其衷；险人着意避祸，天即就着意中夺其魂。可见天之机权最神，人之智巧何益！

声妓晚景从良，一世之烟花无碍；贞妇白头失守，半生之清苦俱非。语云："看人只看后半截。"真名言也。

平民肯种德施惠，便是无位的卿相；仕夫徒贪权市宠，竟成有爵的乞人。

问祖宗之德泽，吾身所享者，是当念其积累之难；问子孙之福祉，吾身所贻者，是要思其倾覆之易。

君子而诈善，无异小人之肆恶；君子而改节，不若小人之自新。

家人有过不宜暴扬，不宜轻弃。此事难言，借他事而隐讽之。今日不悟，俟来日再警之。如春风之解冻、和气之消冰，才是家庭的型范。

此心常看得圆满，天下自无缺陷之世界；此心常放得宽平，天下自无险侧之人情。

淡泊之士，必为浓艳者所疑；检饬之人，多为放肆者所忌。君子处此固不可少变其操履，亦不可太露其锋芒。

居逆境中，周身皆针砭药石，砥节砺行而不觉；处顺境内，满前尽兵刃戈矛，销膏靡骨而不知。

生长富贵丛中的，嗜欲如猛火，权势似烈焰。若不带些清冷气味，其火焰不至焚人，必将自焚。

人心一真，便霜可飞，城可陨，金石可镂。若伪妄之人，形骸徒具，真宰已亡，对人则面目可憎，独居则形影自愧。

文章做到极处，无有他奇，只是恰好；人品做到极处，无有他异，只是本然。

以幻迹言，无论功名富贵，即肢体亦属委形；以真境言，无论父母兄弟，即万物皆吾一体。人能看得破，认得真，才可以任天下之负担，亦可脱世间之缰锁。

爽口之味，皆烂肠腐骨之药，五分便无殃；快心之事，悉败身丧德之媒，五分便无悔。

不责人小过，不发人阴私，不念人旧恶。三者可以养德，亦可以远害。

天地有万古，此身不再得；人生只百年，此日最易过。幸生其间者，不可不知有生之乐，亦不可不怀虚生之忧。

老来疾病都是壮时招得，衰时罪孽都是盛时作得。故持盈履满，君子尤兢兢焉。

市私恩不如扶公议，结新知不如敦旧好，立荣名不如种阴德，尚奇节不如谨庸行。

公平正论不可犯手，一犯手则贻羞万世；权门私窦不可著脚，一著脚则玷污终身。

曲意而使人喜，不若直节而使人忌；无善而致人誉，不如无恶而致人毁。

处父兄骨肉之变，宜从容不宜激烈；遇朋友交游之失，宜剀切不宜优游。

小处不渗漏，暗处不欺隐，末路不怠荒，才是真正英雄。

惊奇喜异者，终无远大之识；苦节独行者，要有恒久之操。

当怒火欲水正腾沸时，明明知得，又明明犯着。知得是谁，犯着又是谁。此处能猛然转念，邪魔便为真君子矣。

毋偏信而为奸所欺，毋自任而为气所使。毋以己之长而形人之短，毋因己之拙而忌人之能。

人之短处，要曲为弥缝，如暴而扬之，是以短攻短；人有顽的，要善为化诲，如忿而嫉之，是以顽济顽。

遇沉沉不语之士，且莫输心；见悻悻自好之人，应须防口。

念头昏散处，要知提醒；念头吃紧时，要知放下。不然恐去昏昏之病，又来憧憧之扰矣。

霁日青天，倏变为迅雷震电；疾风怒雨，倏转为朗月晴空。气机何尝一毫凝滞，太虚何尝一毫障蔽，人之心体亦当如是。

胜私制欲之功，有曰识不早力不易者，有曰识得破忍不过者。盖识是一颗照魔的明珠，力是一把斩魔的慧剑，两不可少也。

横逆困穷，是锻炼豪杰的一副炉锤。能受其锻炼者，则身心交益；不受其锻炼者，则身心交损。

害人之心不可有，防人之心不可无，此戒疏于虑者。宁受人之欺，毋逆人之诈，此警伤于察者。二语并存，精明浑厚矣。

毋因群疑而阻独见，毋任己意而废人言，毋私小惠而伤大体，毋借公论以快私情。

善人未能急亲，不宜预扬，恐来谗谮之奸；恶人未能轻去，不宜先发，恐招媒孽之祸。

青天白日的节义，自暗室漏屋中培来；旋乾转坤的经纶，从临深履薄中操出。

父慈子孝，兄友弟恭，纵做到极处，俱是合当如是，着不得一毫感激的念头。如施者任德，受者怀恩，便是路人，便成市道矣。

炎凉之态，富贵更甚于贫贱；妒忌之心，骨肉尤狠于外人。此处若不当以冷肠，御以平气，鲜不日坐烦恼障中矣。

功过不宜少混，混则人怀惰隳之心；恩仇不可太明，明则人起携贰之志。

恶忌阴，善忌阳。故恶之显者祸浅，而隐者祸深；善之显者功小，而隐者功大。

德者才之主，才者德之奴。有才无德，如家无主而奴用事矣，几何不魍魉猖狂？

锄奸杜幸，要放他一条去路。若使之一无所容，便如塞鼠穴者，一切去路都塞尽，则一切好物都咬破矣。

士君子贫不能济物者，遇人痴迷处出一言提醒之，遇人急难处出一言解救之，亦是无量功德矣。

处己者触事皆成药石，尤人者动念即是戈矛。一以辟众善之路，一以浚诸恶之源，相去霄壤矣。

事业文章随身销毁，而精神万古如新；功名富贵逐世转移，而气节千载一时。君子信不以彼易此也。

鱼网之设，鸿则罹其中；螳螂之贪，雀又乘其后。机里藏机，变外生变，智巧何足恃哉。

作人无一点真恳的念头，便成个花子，事事皆虚；涉世无一段圆活的机趣，便是个木人，处处有碍。

事有急之不白者，宽之或自明，毋躁急以速其忿；人有切之不从者，纵之或自化，毋操切以益其顽。

节义傲青云，文章高白雪，若不以德性陶镕之，终为血气之私、技能之末。

谢事当谢于正盛之时，居身宜居于独后之地，谨德须谨于至微之事，施恩务施于不报之人。

德者事业之基，未有基不固而栋宇坚久者；心者修行之根，未有根不植而枝叶荣茂者。

道是一件公众的物事，当随人而接引；学是一个寻常的家饭，当随事而警惕。

念头宽厚的，如春风煦育，万物遭之而生；念头忌尅的，如朔雪阴凝，万物遭之而死。

勤者敏于德义，而世人借勤以济其贪；俭者淡于货利，而世人假俭以饰其吝。君子持身之符，反为小人营私之具矣。惜哉！

人之过误宜恕，而在己则不可恕；己之困辱宜忍，而在人则不可忍。

恩宜自淡而浓，先浓后淡者人忘其惠；威宜自严而宽，先宽后严者人怨其酷。

士君子处权门要路，操履要严明，心气要和易。毋少随而近腥膻之党，亦毋过激而犯蜂虿之毒。

遇欺诈的人，以诚心感动之；遇暴戾的人，以和气熏蒸之；遇倾邪私曲的人，以名义气节激励之。天下无不入我陶熔中矣。

一念慈祥，可以酝酿两间和气；寸心洁白，可以昭垂百代清芬。

阴谋怪习、异行奇能，俱是涉世的祸胎。只一个庸德庸行，便可以完混沌而招和平。

语云："登山耐险路，踏雪耐危桥"。一"耐"字极有意味。如倾险之人情、坎坷之世道，若不得一"耐"字撑持过去，几何不坠入榛莽坑堑哉！

夸逞功业，炫耀文章，皆是靠外物做人。不知心体莹然，本来不失，即无寸功只字，亦自有堂堂正正做人处。

不昧己心，不拂人情，不竭物力。三者可以为天地立心，为生民立命，为子孙造福。

居官有二语曰："惟公则生明，惟廉则生威。"居家有二语曰："惟恕则情平，惟俭则足用。"

处富贵之地，要知贫贱的痛痒；当少壮之时，须念衰老的辛酸。

持身不可太皎洁，一切污辱垢秽要茹纳得；与人不可太分明，一切善恶贤愚要包容得。

休与小人仇雠，小人自有对头；休向君子谄媚，君子原无私惠。

磨砺当如百炼之金，急就者非邃养施为宜；似千钧之弩，轻发者无宏功。

建功立业者，多虚圆之士；偾事失机者，必执拗之人。

俭，美德也，过则为悭吝为鄙啬，反伤雅道；让，懿行也，过则为足恭为曲礼，多出机心。

毋忧拂意，毋喜快心，毋恃久安，毋惮初难。

饮宴之乐多，不是个好人家；声华之习胜，不是个好士子；名位之念重，不是个好臣工。

仁人心地宽舒，便福厚而庆长，事事成个宽舒气象；鄙夫念头迫促，便禄薄而泽短，事事成个迫促规模。

用人不宜刻，刻则思效者去；交友不宜滥，滥则贡谀者来。

大人不可不畏，畏大人则无放逸之心；小民亦不可不畏，畏小民则无豪横之名。

事稍拂逆，便思不如我的人，则怨尤自消；心稍怠荒，便思胜似我的人，则精神自奋。

不可乘喜而轻诺，不可因醉而生嗔，不可乘快而多事，不可因倦而鲜终。

钓水，逸事也，尚持生杀之柄；弈棋，清戏也，且动战争之心。可见喜事不如省事之为适，多能不如无能之全真。

听静夜之钟声，唤醒梦中之梦；观澄潭之月影，窥见身外之身。

鸟语虫声，总是传心之诀；花英草色，无非见道之文。学者要天机清澈，胸次玲珑，触物皆有会心处。

人解读有字书，不解读无字书；知弹有弦琴，不知弹无弦琴。以迹用不以神用，何以得琴书佳趣？

山河大地已属微尘，而况尘中之尘！血肉身躯且归泡影，而况影外之影！非上上智，无了了心。

石火光中，争长竞短，几何光阴？蜗牛角上，较雌论雄，许大世界？

有浮云富贵之风而不必岩栖穴处，无膏肓泉石之癖而常自醉酒耽诗。竞逐听人而不嫌尽醉，恬憺适己而不夸独醒。此释氏所谓不为法缠、不为空缠，身心两自在者。

延促由于一念，宽窄系之寸心。故机闲者一日遥于千古，意宽者斗室广于两间。

都来眼前事，知足者仙境，不知足者凡境；总出世上因，善用者生机，不善用者杀机。

趋炎附势之祸，甚惨亦甚速；栖恬守逸之味，最淡亦最长。

色欲火炽，而一念及病时，便兴似寒灰；名利饴甘，而一想到死地，便味如咀蜡。故人常忧死虑病，亦可消幻业而长道心。

争先的径路窄，退后一步自宽平一步；浓艳的滋味短，清淡一分自悠长一分。

隐逸林中无荣辱，道义路上泯炎凉。

进步处便思退步，庶免触藩之祸；着手时光图放手，才脱骑虎之危。

贪得者分金恨不得玉，封公怨不授侯，权豪自甘乞丐；知足者藜羹旨于膏梁，布袍暖于狐貉，编民不让王公。

矜名不如逃名趣，练事何如省事闲。

孤云出岫，去留一无所系；朗镜悬空，静躁两不相干。

山林是胜地，一营恋便成市朝；书画是雅事，一贪痴便成商贾。盖心无染著，欲境是仙都；心有系牵，乐境成悲地。

时当喧杂，则平日所记忆者皆漫然忘去；境在清宁，则夙昔所遗忘者又恍尔现前。可见静躁稍分，昏明顿异也。

芦花被下卧雪眠云，保全得一窝夜气；竹叶杯中吟风弄月，躲离了万丈红尘。

出世之道，即在涉世中，不必绝人以逃世；了心之功，即在尽心内，不必绝欲以灰心。

此身常放在闲处，荣辱得失，谁能差遣我？此心常安在静中，是非利害，谁能瞒昧我？

我不希荣，何忧乎利禄之香饵；我不竞进，何畏乎仕宦之危机。

多藏厚亡，故知富不如贫之无虑；高步疾颠，故知贵不如贱之常安。

世上只缘认得"我"字太真，故多种种嗜好、种种烦恼。前人云："不复知有我，安知物为贵。"又云："知身不是我，烦恼更何侵。"真破的之言也。

人情世态，倏忽万端，不宜认得太真。尧夫云："昔日所云我，今朝却是伊。不知今日我，又属后来谁？"人常作如是观，便可解却胸罥矣。

有一乐境界，就有一不乐的相对待；有一好光景，就有一不好的相乘除。只是寻常家饭、素位风光，才是个安乐窝巢。

知成之必败，则求成之心不必太坚；知生之必死，则保生之道不必过劳。

眼看西晋之荆榛，犹矜白刃；身属北邙之狐兔，尚惜黄金。语云："猛兽易伏，人心难降；溪壑易填，人心难满。"信哉！

心地上无风涛，随在皆青山绿树；性天中有化育，触处都鱼跃鸢飞。

狐眠败砌，兔走荒台，尽是当年歌舞之地；露冷黄花，烟迷衰草，悉属旧时争战之场。盛衰何常？强弱安在？念此令人心灰。

宠辱不惊，闲看庭前花开花落；去留无意，漫随天外云卷云舒。

晴空朗月，何天不可翱翔，而飞蛾独投夜烛；清泉绿竹，何物不可饮啄，而鸱鸮偏嗜腐鼠。噫！世之不为飞蛾鸱鸮者，几何人哉！

权贵龙骧，英雄虎战，以冷眼视之，如蝇聚膻，如蚁竞血；是非蜂起，得失猬兴，以冷情当之，如冶化金，如汤消雪。

真空不空，执相非真，破相亦非真，问世情如何发付？在世出世，徇欲是苦，绝俗亦是苦，听吾侪善自修持。

烈士让千乘，贪夫争一文，人品星渊也，而好名不殊好利；天子营家国，乞人号饔飧，位分霄壤也，而焦思何异焦声。

性天澄澈，即饥餐渴饮，无非康济身心；心地沉迷，纵演偈谈禅，总是播弄精魄。

人心有真境，非丝非竹而自恬愉，不烟不茗而自清芬。须念净境空，虑忘形释，才得以游衍其中。

天地中万物，人伦中万情，世界中万事，以俗眼观纷纷各异，以道眼观种种是常，何须分别，何须取舍！

缠脱只在自心，心了则屠肆糟糠居然净土。不然纵一琴一鹤，一花一竹，嗜好虽清，魔障终在。语云："能休尘境为真境，未了僧家是俗家。"

以我转物者，得固不喜，失亦不忧，大地尽属逍遥；以物役我者，逆固生憎，顺亦生爱，一毫便生缠缚。

试思未生之前有何象貌，又思既死之后有何景色，则万念灰冷，一性寂然，自可超物外而游象先。

优人傅粉调朱，效妍丑于毫端。俄而歌残场罢，妍丑何存？弈者争先竞后，较雌雄于子。俄而局尽子收，雌雄安在？

把握未定，宜绝迹尘嚣，使此心不见可欲而不乱，以澄吾静体；操持既坚，又当混迹风尘，使此心见可欲而亦不乱，以养吾圆机。

喜寂厌喧者，往往避人以求静。不知意在无人便成我相，心着于静便是动根。如何到得人我一空、动静两忘的境界！

人生福境祸区，皆念想造成。故释氏云："利欲炽然，即是火坑；贪爱沉溺，便为苦海。一念清净，烈焰成池；一念警觉，航登彼岸。"念头稍异，境界顿殊，可不慎哉！

绳锯木断，水滴石穿，学道者须加力索；水到渠成，瓜熟蒂落，得道者一任天机。

就一身了一身者，方能以万物付万物；还天下于天下者，方能出世间于世间。

人生原是一傀儡，只要根蒂在手，一线不乱，卷舒自由，行止在我，一毫不受他人提掇，便超出此场中矣。

"为鼠常留饭，怜蛾不点灯"，古人此点念头，是吾人一点生生之机。无此，便所谓土木形骸而已。

世态有炎凉，而我无嗔喜；世味有浓淡，而我无欣厌。一毫不落世情窠臼，便是一在世出世法也。

《菜根谭》妙语集锦

前集（二百二十五）

道德万古　权力一时　　德在人先　利居人后

与其练达　不若朴鲁　　退护为高　利人是福

心事宜明　才华须韫　　功劳戒矜　罪过宜悔

纷华不染　智巧不用　　让名远害　咎己养德

逆耳拂心　德行砥石　　天道忌盈　业满招损

和气喜神　不可或缺　　诚心和气　胜于观心

真味是淡　至人是常　　动静合宜　有道心体

闲时吃紧　忙处悠闲　　责毋太严　教毋过高

静中观心　真妄毕见　　洁自污出　明从晦生

快意回头　拂心莫放　　降服客气　消杀妄心

澹泊明志	肥甘丧节	事悟痴除	性定动正
田地放宽	惠泽要长	山林气味	廊庙经纶
路留一步	味减三分	无过是功	无怨是德
脱俗成名	减累入圣	忧勤勿过	澹泊勿枯
义侠交友	素心做人	穷原初心	成观末路
富宜宽厚	智勿炫耀	有木石心	具云水趣
居卑处晦	守静养默	善人和气	恶人杀气
放得心下	超凡入圣	欲得无祸	勿罪冥冥
意见害心	聪明障道	多心为祸	少事为福
知退一步	务让三分	方圆处世	宽严待人
不恶小人	礼待君子	忘功念过	忘怨念恩
正气天地	清名乾坤	施不求报	求报无功
降魔自心	驭横气平	相观对治	方便法门
田除不净	交远匪人	恶人读书	适以济恶
欲路勿染	理路勿退	奢不如俭	能不如拙
不陷浓艳	不入枯寂	学尚躬行	立业种德

不被牢笼　不受陶铸　　扫除外物　直觅本来

立身要高　处世须退　　苦中有乐　得里有失

收拾精神　修德读书　　富贵名誉　植根道德

欲蔽情封　咫尺千里　　思立好言　思行好事

兢业心思　潇洒趣味　　含垢纳污　君子之量

真廉无名　大巧无术　　优游不振　便无进步

宁无不有　宁缺不全　　一念贪私　坏了一生

拔去名根　消融客气　　惺惺不昧　贼为家人

心体光明　念勿暗昧　　保以成业　防将来非

名位非乐　饥寒勿忧　　品质修养　切忌偏颇

恶中善路　善处恶根　　事来心现　事去心空

逆来顺受　居安思危　　君子德行　其道中庸

燥性寡恩　难建功业　　穷愁寥落　不可废弛

养喜召福　去杀远祸　　闲静不懈　暗处不欺

宁默毋躁　宁拙毋巧　　欲念方起　便转理路

清冷福薄　和气泽长　　宁静闲淡　观心之道

天理路宽	人欲路窄	动中静真	苦中乐真
磨炼福久	参勘知真	舍毋处疑	施毋责报
虚心明理	实心却欲	厚德积福	逸心补劳
天机最神	智巧何益	持身勿轻	用意勿重
人重晚节	看后半截	人生百年	不可虚度
多施功惠	勿贪权位	德怨两忘	恩仇俱灭
念积累难	思倾覆易	持盈履满	君子兢兢
不可诈善	不可改节	却私扶公	修身重德
春风解冻	和气消冰	勿犯公论	勿涉权门
圆满无缺	宽平无邪	直不畏忌	善不惧毁
操履不变	锋芒勿露	家人从容	朋友剀切
顺境不喜	逆境不忧	谨小慎暗	末路不怠
嗜欲权势	自取灭亡	爱重成仇	薄极成喜
真诚所至	金石可贯	藏巧于拙	寓清于浊
文宜恰好	人宜本然	居安虑患	处变坚忍
看破认真	脱飏负任	奇异乏识	独行无操

事留余地　便无殃悔　　猛然转念　魔为真君

宽厚待人　养德远害　　毋信偏言　不恃己长

毋攻人短　善诲人顽　　分清功过　勿显恩仇

阴者勿交　傲者防口　　位盛危至　德高谤兴

昏散知醒　吃紧要放　　恶隐祸深　善显功小

君子之心　不滞不塞　　以德御才　恃才败德

有识有力　胜私制欲　　穷寇勿追　投鼠忌器

大量能容　不动声色　　与人同过　功让他人

横逆困穷　锻炼身心　　醒迷救难　功德无量

燮理功夫　敦睦气象　　趋炎附势　人情通患

戒疏于虑　警伤于察　　净拭冷眼　勿动刚肠

辨别是非　认识大体　　量弘识高　其德乃厚

亲善防谗　去恶守密　　一念回光　炯然返照

暗室节义　履薄经纶　　反己辟善　尤人浚恶

任德怀恩　至亲路人　　精神万古　气节千载

不夸妍洁　谁能污我　　机变不测　智功何及

冷肠平气	去烦恼障	真恳为人	圆活涉世
去混自清	去苦自乐	君子立德	小人图行
一言一行	都宜慎重	学贵有恒	道在悟真
事宜宽缓	人勿操切	恕人之过	忍己之辱
不能养德	终归末节	为奇不异	求情不激
谢事当盛	居身独后	先淡后浓	先严后宽
谨德至微	施恩不报	心虚意净	见性明心
回归自然	述古畅怀	世态炎凉	不喜不怒
修身重德	事业之基	慈悲之心	生生之机
心为根本	根固叶荣	心即天机	廓然无碍
勿昧所有	勿自夸耀	无事惺惺	有事寂寂
随人接引	随时警惕	议事深入	任事超然
信人己诚	疑人己诈	操履严明	心气和易
春风育物	朔雪杀生	浑然和气	居身珍宝
善益暗长	恶损潜消	诚心感化	名义激砺
厚待故交	礼遇衰朽	慈祥至和	洁白垂芬

庸德庸行　混沌和平　　行戒高绝　性戒褊急

坎坷世道　以耐撑持　　虚圆立业　执拗偾事

莹然本真　堂堂正正　　处世作事　不即不离

忙里偷闲　闹中取乐　　末路晚年　精神百倍

为民立命　造福子孙　　藏才隐智　肩鸿任巨

居官公廉　居家恕俭　　过俭伤雅　过让多机

富当知贫　壮须念衰　　喜忧安难　勿介于心

茹纳垢辱　包容贤愚　　声色名位　不可过贪

勿仇小人　勿媚君子　　乐极生悲　苦尽甘来

势理难医　理障难除　　过满则溢　过刚则折

金须百炼　矢不轻发　　冷眼观人　理智处世

戒小人媚　愿君子责　　量宽福厚　器小禄薄

好利害浅　好名害深　　恶不即信　善不急亲

忘思疑善　刻薄之尤　　性躁无成　和平集福

谗言自明　甘言侵肌　　刻失人和　滥招恶友

急处立稳	险地回首	和济节义	德承功名
居官有节	居乡敦旧	既畏大人	亦畏小民
逆境比下	怠荒思上	轻诺惹事	倦怠无成
读书至乐	观物融洽	勿逞己长	勿恃所有
中才之人	难与下手	守口须密	防意须严
责人宜宽	责己宜苛	幼不陶铸	长不成器
不忧患难	不惧权豪	浓夭淡久	早秀晚成
静中真境	淡中本然		

后集（一百三十五）

谈者不真	言者无行	热处无益	闲中有味
省事为适	无能全真	浮云富贵	醉酒耽诗
春为幻境	秋见真吾	法空不缠	身心自在
世间广狭	皆由自造	广狭长短	由于心念
趣不在多	景不在远	损之又损	忘无可忘
醒梦中梦	窥身外身	知足则仙	善用则生

清澈玲珑　触物会心　　趋炎附势　栖恬味长

不以神用　何以得趣　　闲云为友　明月为伴

心无物欲　坐有琴书　　消除幻业　增长道心

乐极而哀　兴味索然　　退步宽平　清淡悠久

会个中趣　破眼前机　　修养定静　心性不乱

非上上智　无了了心　　隐无荣辱　道无炎凉

不争长短　不较雌雄　　除去恼愁　身凉心安

槁木死灰　不免落空　　道便恩退　着先图放

得休便休　得了得了　　贪富则贫　知足则富

逃名有趣　省事能闲　　春日繁华　不若秋清

超越喧寂　悠然自适　　诗家真趣　禅教玄机

去留不系　静躁不干　　机心生疑　念色见真

浓处味短　淡中真趣　　来去自如　毁誉何妨

有意反远　无心自近　　忧喜取舍　形气用事
处喧见寂　出有入无　　幻形凋谢　自性真如

心无恋染　仙都乐境　　欲心火炽　虚心宁静

喧杂则昏	清宁则明	贫者无虑	贱者常安
卧云眠云	绝俗超群	读易晓窗	谈经午案
浓不胜淡	俗不如雅	人为乏趣	天机自然
出世涉世	了心尽心	烦恼由我	嗜好自心
身放闲处	心安静中	以失意思	制得意念
云中世界	静里乾坤	世态变化	万事达观
不求荣达	无忧无畏	闹中冷眼	冷处热心
徜夷徉犹	借境调心	事无绝对	安乐寻常
乾坤自在	物我两无	灞桥诗思	镜湖野趣
生死成败	一任自然	不忧噌蹬	当烧噪急
流水落花	身心自在	华萼徒荣	玉帛何益
乾坤妙趣	天地文章	在世出世	善自修持
猛兽易服	人心难制	名有尊卑	贪无二致
心地平静	青山绿水	毁誉褒贬	一任世情
自适其性	宜若平民	凡事随缘	渐渐入无
处世忘世	超物乐天	天然真机	造作减味

人生无常　盛衰何恃　　性天情彻　何必谈禅

宠辱不惊　去留无意　　绝虑无忧　游衍真境

安分守已　莫做蠢事　　真不离幻　雅不脱俗

求心内佛　却心外法　　俗眼有别　道眼是常

冷情当事　如汤消雪　　神酣得和　味足识真

知衰破俗　知乐臻圣　　心了净土　未了俗家

胸中无欲　眼前空明　　断绝思虑　光风霁发

性天未枯　机神触发　　人我一视　动静两忘

操持身心　收放自如　　山居清洒　物我都忘

自然人心　融合一体　　物我合一　鸟伴云留

文以拙进　道以拙成　　祸福苦乐　一念之差

以我转事　逍遥自在　　学道力索　得道任天

理寂事寂　心空境空　　机息不苦　心远无尘

幽人自适　不牵不泥　　生生之意　天地之意
思及生死　寂然超物　　雨后山妍　静夜钟消

卓智之人　洞烛机先　　登高心旷　临急意远

雌雄妍丑	一时假相	万钟一发	存乎一息
自然真趣	闲静可得	以我转物	尘静理境
天全欲淡	第一境界	就身了身	出世于世
观心增障	齐物剖同	抱身心忧	耽风月趣
勿待兴尽	适可而止	一念不生	真境真机
修行绝尘	悟道涉俗	顺逆一视	欣戚两忘
过而不留	空而不着	世间可乐	苦自心生
花看半开	酒饮微醉	不染世法	臭味迥然
观物百得	勿徒留连	失身市井	生不若死
非分之福	人世机阱	根蒂在手	超越提掇
事起害生	无事为福	清净之门	淫邪之窟
身在事中	心超事外	减省一分	超脱一分
满腔和气	随地春风	超越嗜欲	但求真趣
随缘素位	无入不得		

意气谱——反菜根谭

卷一　修省

1. 众人皆食菜叶，几人能咬菜根

还初道人撰《菜根谭》，盖取汪信民“人咬得菜根，则百事可做”意，故其开宗明义，侈言“精金美玉的人品”、“掀天揭地的事功”。余以为菜根实不能食，普天之下，众人皆食菜叶，几人能咬菜根？同理，几人又能有“精金美玉的人品”、“掀天揭地的事功”？质之还初道人，恐亦将赧颜以对矣。

2. 人生当留情

古人云：“太上立德，其次立功，其次立言。”余以为此仅指有为人而言，凡人除此“三不朽”之外，大都须追求留情。留情者，一生注重父母、妻子、亲戚、师友情谊之谓也。若撒手西归之际，与人关系亦如灰飞烟灭，情何以堪哉。

3. 顺情合理，何可见责

为善必欲自高胜人，施恩必欲修和结好，修业必欲惊世骇俗，植节必欲标异见奇，此皆是人人本来意念中之真体。顺情合理，何可见责？

4. 腐儒矫情之论远逊孟子所论

还初道人标“轻富贵”、“重名义”，有丝毫之念，则归咎于“心境芥蒂未忘”。按此乃腐儒矫情之论，较之孟子“富与贵，人之所欲也。不以其道得之，君子不取也”则远逊矣。

5. 达观之士无哀乐

达观之士，无时而不安，无顺而不处，冥然与造化为一，将何得而何失，郭死而郭生耶？故任其所受，而哀乐无所错其间矣。

6. 生平只思现在

生平不思过去，思过去徒增懊恼；不思未来，未来不可知，思亦无益；只思现在，一切随缘，云何不乐？

7. 我阻我做好人

立志要做一个好人，有谁阻我？其阻之者我也。

8. 吃饭和做事

中国一千人中，五百人吃饭不做事，四百九十九人为吃饭而做事，不知可有一人为做事而吃饭？吃饭而不做事者，依赖人为生活，禽兽不若也。为吃饭而做事者，禽兽以爪牙觅食，人以知识、劳力觅食，觅食之方法不同，而其觅食则一，禽兽类也。为做事而吃饭者，具有人格，出于禽兽之上，始得谓之人。

9. 盲人瞎马之空言

攻木之利器，当于妙中纹理处显之；射虎之精诚，当于羽贯虎额中显之。所谓“盘根错节”、“贯石饮羽”之类，是盲人瞎马之空言也。

10. 英雄与学者

英雄立业建功，必慕声闻，重名节；学者讲道修德，必计功效，崇笃行。

11. 三不争

平生有三不争：一、不与俗人争利；二、不与文士争名；三、不与无谓人争气。

12. 难得糊涂

难得糊涂，才避去神弓鬼矢；和光同尘，方解开天罗地网。

13. 圣者、王者、霸者与民

圣者之得民，如以漆抟沙，久而益固；王者之得民，如以胶抟沙，胶弛而沙漫；霸者之得民，如以水抟沙，水干而沙散。等而下之，则以手抟沙之类也。

14. 庭广之累

庭广则爽，冬累于风；树密则幽，夏累于蝉。水近可以涤砚，蚊集中宵；屋小可以御寒，客窘炎午。

15. 养心之法在一“省”字

治有病，不若治无病；疗身，不若疗心；使人疗，不若先自疗；自疗心，更不若自养心。养心之法，在一“省”字。省多言，省笔札，省交游，省妄想，是为居敬养心耳。

16. 躯壳须壮健

释氏重心性而轻躯壳，实则躯壳不存，心性何托？故士君子修心养性，当从洁身爱身做起。躯壳不但求洁净，而且求壮健，方能负道义而载万理。

17. 厄劫之铸炼

圣贤不能免厄，仙佛不能免劫。厄以铸圣贤，劫以炼仙佛。

18. 一念之转，超凡入圣

货财与学问，人之所积也；功名与道德，人之所求也；妻子与父母，人之所爱也；爵位与国家，人之所保也。而当关键之际，舍货财而积学问，舍功名而求道德，舍妻子而全父母，舍爵位保国家，一念之转，俗情顿脱，超凡入圣。

19. 苦与乐

乐即是苦，苦即是乐。带些不足，安知非福。何也？恣口体，极耳目，与物矍铄，未必非乐。久而失之，则百苦从生。隳形骸，泯心智，不与物伍，未必非苦。久而去之，则百乐转出。

20. 赵州和尚得高士之旨

世人但知须弃物欲、尘欲，而不知道义、圣贤亦须放下。赵州和尚曰："放下著。"大得高士之旨。

21. 大学者之性格

《菜根谭》谓"融得性情上偏私，便是一大学问；消得家庭内嫌隙，便是一大经纶。"此即俗所谓"人情练达即文章"也。然独持偏见，一意孤行，未尝不为大学者之性格也。

22. 摄与融

才智英敏者，宜以德性摄其躁；气节激昂者，当以学问融其偏。

23. 败与得

败于不当败则声名受辱，得于不当得则隐患丛生。

24. 月、水之联想

千江月，总是一轮月光，心珠宜当独朗；一勺水，不具四海水味，世法还须别尝。

25. 一生春风化柳

视名利如水底捞月，视磨难如火内栽莲，一生方能如春风化柳。

26. 皮、肉、骨、髓

事理如达摩微旨，因人言而悟者，所得皮、肉、骨也；因自悟了了者，所得髓也。

27. 无法解脱之困

人人意中所有之境，人人境中所遭之事，人人事后所留之影，无相似也。于是人往往梦梦然胶粘与意、境、影三者中，而无解脱矣。

28. 数与万

一生有万念，而足定生平善恶者，数念而已；一生历万事，而足证终生功愆者，数事而已。

29. 尘许旃檀与毫端鸩血

君子当景从大善，勿为尘许旃檀所迷心；当谨防巨恶，莫为毫端鸩血所障目。

30. 云水与木石

进德修业，要段云水的趣味，若一味枯寂，难入胜境；济世经邦，要个木石的念头，若一有欣羡，便坠私潭。

31. 耐穷

世人相见诉穷，盖贪欲障心故也。试看古往今来，诉穷声中断送多少豪杰。然先辈赫赫者大多穷人，大多能耐穷，知穷通之理，便自增长气骨，开通识见，朱买臣之处穷而笑对妻子类也。如懒惰无能之人，则只知耐穷，到底富贵枉受富贵，穷亦枉受穷也。

32. 无分之得

人偶有所得于分之外，必不能复力于分之内，其得失常相敌，而用之也必侈。侈于用而不力，则立尽之术也。原其始，则无分之得为之祸也。

33. 人生不如意事常居八九

人生如意事常居八九，试看一月之中月圆只十五、六两日，故知不足是万事之至理。《书》曰："谦受益，满招损。"终生实行，可消内变，弭外忧。

34. 野狐禅

洪氏云："饱后思味"，"色后思淫"，能"以事后之悔悟，破临事之痴迷，则性定而动无不正"。余谓人生何能日日饱？饱后遭饿，饿后思饱，则性何以堪！洪氏所云野狐禅也。

35. 财路与理路

人情反覆，世路崎岖。财路上须知退一步之法，理路上务加争三分之功。

36. 拂意、快心、久安、初难

拂意时可饮热酒三杯，快心时可读《易经》一卷，久安时须看云山变幻，初难时须想舟子撑篙。

37. 真

人心一真，便霜可飞，城可陨，金石可贯。故庄子云：“不精不诚，不能动人”，“真在内者，神在于外”。

38. 春夏秋冬

施恩务似青春之雨，谨德须若秋肃之气，谢事当于夏盛之时，居身宜居冬残之后。

39. 尘、影、梦

山河大地，尘也；血肉身躯，影也；人生经历，梦也。人谁想到尘中之尘，影外之影，梦中之梦？

40. 爱人与恶人

爱人不以理，适是害人；恶人不以理，适是害己。

41. 人须百炼

俗语云：“钢须百炼，人亦须百炼。”炼心以应变，炼身以习劳，炼识以决机，炼才以经世。

卷二　应酬

42. 贵人、美人、闲人

贵人不易见，美人不易逢，闲人不易得。

43. 士君子于人于物

士君子之涉世，于人应喜怒分明，喜怒分明则能与朋友肝胆相照；于物应注重爱憎，注重爱憎则应对万物均有操守。

44. 改苏秦语

苏秦曾云：“贫穷则父母不子，富贵则亲戚畏惧。”余易之曰：“富贵则父母不子，贫穷则亲戚畏惧。”

45. 诮与耻

士君子既入世，则须周览万物，敏捷机先，物为我用。是以颜子待圣，为求道也，宁负骥尾之诮；萝茑依松，为得阳也，不辞仰攀之耻。

46. 暗默与静止

士君子处暗默当具秋毫之明，所谓隆中一对，鼎分三国是也；因静止能奋惊雷之迅，所谓一飞冲天，一鸣惊人是也。

47. 实与名、心与语

士君子济人利物，宜居其实不宜居其名，既已泽济，又利进德；士大夫忧国为民，当有其心而亦当有其语，掷地金声，不计毁谤。

48. 有张有弛，方能度日

如若为人临小事如临大敌，坐密室如坐通衢，终日矜持，必神经错乱矣。要之有峨冠正襟，亦有披衣缓带，有张有弛，方能度日。

49. 感与应俱适，心与境两忘

要求感与应俱适，心与境两忘，不可侈谈“彩笔描空”、“利刃割水”。盖风雨如晦，坎坷增嶝，人生多艰，必也在污淖中学自洁，在磨难中学自强，息欲修业，方能感与应俱适，心与境两忘。

50. 华、西之婚异

华俗之婚，正如一壶清水，置之炉火，愈久而热度愈高。西俗则如一壶沸水，置之几案间，热度渐至低降。

51. 人与事

凡人持身涉世，交接各色人等，斡旋各类事务，焉能“人人道好”，“事事有功”？洪氏此言大谬。酌改为“多人道好，莫怨有人着恼；事事尽心，无愧一事不终”。

52. 起处与灭处

人之功名富贵，要从起处究由来，则怨尤自息；己之横逆困穷，要从灭处想未来，则希望自增。

53. 宇宙内事

宇宙内事，有须担当者，有须摆脱者；有须力担当而心摆脱者，有须心担当而力摆脱者。

54. 了事自了心

了事自了心，心了则釜底抽薪；逃名即逃世，名逃则骨肉一团。

55. 一与千百

宁结一人之怨，不肯拂千百人之欢；宁免一事之丑，不肯希千百事之荣。

56. 独夫与迂朽

古可师今亦有可师，舍举世共趋之辙，岂非独夫？法可依人亦有可依，遵时豪耻问之途，必是迂朽。

57. 随缘

要遣缘莫若随缘，似舞蝶之入花丛；欲无事不如顺事，若张帆之下江流。

58. 不生事，不怕事

无事不生事，绝无意外之变；有事不怕事，安度局中之危。

59. 强本、固业、恃势

囊乏一文，侈言“还怜茕独”；家徒四壁，何谈“终傲王公”？人若思茕立于世，泽及于人，必也强其本，固其业，恃其势也。

60. 人间只有亏好吃

人间只有亏好吃。人亏而天道不亏，此亦老子知荣守辱之道。黄雀让人，糟糠任我，正不必有隋珠之虑也。

61. 待人

如有二人皆来，其一贤士，其一常常人。而待贤士礼不加隆焉，则贤者行，而常常人日来矣。士君子应酬于世，可深鉴也。

62. 极高明手段

处世当以强为弱，以退为进，以苦为乐，此是涉世一极高明手段。

63. 施恩与立威

施恩勿计人是否忘其惠，立威当思人是否怨其酷。

64. 安乐之场

处安乐之场，当体患难景况；处患难之场，勿思安乐景况。立旁观之地，要知当局苦衷；立当局之地，勿做旁观之想。

65. 以汤浇雪

以汤浇雪若何？人多答曰：“雪消也，亡也。”然则此答半是矣。以汤浇雪，不仅雪消，汤亦不复为汤矣。以有限之精力逐无涯之事业，事业有成，此生何有？可发一叹。

66. 大佳与大智

己无过，佳也；能从无过中求有过，大佳也。见人之过，智也；能从有过中求无过，大智也。

67. 贫贱

贫贱是苦事，能善处者自乐，故颜子箪食瓢饮不改其乐。富贵是乐境，不善处者更苦，故太白玉盘珍馐难以下咽。

68. 为君子友则不能为小人友

左手画圆，则右手不能画方。为君子友，则不能为小人友。

69. 积行

文山一言箴曰："行。"然染不积，则人不观其色；行不积，则人不信其事。非行难，积尤难也。

70. 处世贵自力

持钱买水，所取有限，能自凿井及泉而汲之，不可胜用矣。祖德荫惠，友朋援助，亦为有限。君子处世贵自立图强，不止图活己，更欲流泽广德，尤须自立也。

71. 待人有主心骨

士君子待人有主心骨。主心骨者，理也。爱人不以理，适是害人；恶人不以理，适是害己。

72. 自信人信

自信者不疑人，人亦信之；自疑者不信人，人亦疑之。

73. 论知己

一死一生，乃知友情；一贫一富，乃知交态。死生贫富转换之际而始终不渝者，知己也。一生之中得此一人，可以不恨。

74. 君子好人之好

君子好人之好，而忘己之好，人亦好其好；小人短人之短，而忘己之短，人亦短其短。

75. 不开口

俗云："莫将闲话当闲话，往往事从闲话生。"阮嗣宗口不论人过，张韩撰《不用舌论》，盖有见于此。三个不开口，神仙难下手也。

76. 论谤

处世不能无谤。闻人毁己而怒，则誉己者至矣。己之过久不自知，则祸莫大焉。士君子闻毁不怒。谤之无实者，付之勿辩可矣；谤之有因者，非自修弗能止。

77. 苟全性命

诸葛武侯所谓“苟全性命于乱世”，“苟全”二字便有无限功夫。

78. 以财发身

人当以财发身，不当以身发财。

79. 高人一等法

觉人之诈，不形于言，我之诈则高于彼之诈；受人之侮，不动于色，彼受之侮则过于我受之侮。此为高人一等法，亦是人生一大享受。

80. 论事来事去

洪氏云：“君子事来而心始现，事去而心随空。”此言偏矣！要视之何事。君子于事，有未雨绸缪、防微杜渐者，若事来始用心，则危矣殆矣；有铭心镂骨、家祭毋忘者，若事去而心随空，则鄙矣俗矣。

81. 学古

汉人之雄武宜于建功，晋人之风流宜于涉世，唐人之气度宜于立志，宋人之道学宜于敦品，明人之聪明宜于精技。

卷三　评议

82. 文人多大言

古来文人多大言不惭，潇洒如太白云：“如逢渭川猎，犹可帝王师。”严谨如子美云：“致君尧舜上，再使风俗淳。”明道如康节云：“唐虞揖逊三杯酒，汤武征诛一局棋。”试问其人果能为帝王师、有致君尧舜之才乎？唐虞、汤武之事果如棋酒乎？则又未必也。以胸襟眼界视之，莫若以大言不惭视之也。

83. 手技

古来学问家，虽不精书，而其书自有书卷气，故书以气味为第一。不然但成手技，不足贵也。

84. 中国有史而无士

何谓史？考之古制，通六书者为史。何谓士？在行伍者为士，故有甲士、士卒之称。两汉、三国时为士者尚知士之本义，古制亦尚存，故宰相犹以剑履上殿。自唐以后，古制渐泯，乃以能文章应科第者为士，于是名则为士，实则为史。士之本义全失矣，中国亦有史而无士矣。

85. 尼山本义

洪氏云:“尼山以富贵不义,视如浮云;漆园谓真性之外,皆为尘垢。夫如是,则悠悠之事,何足介意?”此论大背尼山本义。按洪氏“悠悠之事”当包括富贵。尼山所云特指不义之富贵也。《论语·述而》云:“富而可求也,虽执鞭之士,吾亦为之。”可见圣人于富贵亦介意焉。

86. 押韵与人

凡诗押哑韵而能响者,其人必贵显;押险韵而能稳者,其人必安善。

87. 识之高下、人之高下

洪氏云:“识是众欲之本,要力扫除。”一部《菜根谭》,无非授人以众识,曰“扫除”者,矫情也。识者,了别也,神知也。识之高下,亦人之高下。至高之识者,即圣人也。

88. 脱俗与随时

士君子作人自然脱俗,脱俗处即矫俗处;应事往往随时,随时处非趋时处。

89. 宁受人毁

宁受人毁而不毁人,宁受人欺而不欺人。善气迎人,亲如弟兄;恶气迎人,害于戈兵。

90. 荣辱死生

求荣者必厌辱,畏死者必贪生,此为世俗人情也。惟世君子知荣守辱,知死重生,一以道义识之。

91. 对待非理与妄念

非理外至,如洪涛倒海,当砥柱屹立,勿作随波逐流;妄念内兴,如狎朋诱饮,当严襟拒之,勿纵点滴之欲。

92. 人之流品

人之流品高下,不过在见己之过、见人之过,夸己之善、服人之善数事而已。缕言之,但见己之过,不见世人之过,但服人之善,不知己有一毫之善者,此上流也。见己之过,亦见世人之过,知己之善,亦知世人之善,因之取长去短,人我互相为用者,其次焉者也。见己之过,亦见世人之过,知己之善,亦知世人之善,因之以长角短,人我分疆者,又其次焉者也。世人但见人之过,不见己之过,但夸己之善,不服人之善者,此下流也。

93. 钟声之启示

静夜之钟声,庸人酣睡不闻,中人梦醒披衣而听,高人梦醒还思梦中之梦。

94. 一心之力

东方朔能令市朝为山林，周彦伦能令山林为市朝。盖一念之间清浊顿判，一心之力笼罩周遭矣。

95. 琴书诗画

琴书诗画，一入庸夫之手便带匠气、俗气；山川云物，一入高人之眼便带灵气、逸气。推思书籍，推思官职，又何不如此?

96. 论空寂

俗子最难耐空寂。试观贵宦门庭若市，何等春风得意；去职后门可罗雀，萧瑟荒落，往往悲不欲生。其实空寂是福。空寂则可以读书，空寂则可以调琴，空寂则可以悟道。释氏以空寂喻莲，良有以也。

97. 乞色与德色

处贫贱待人所难，难在无乞色；处富贵待人所难，难在无德色。

98. 傲与浮

学问有余而知识不足，其病往往犯傲；聪明有余而学问不足，其病往往犯浮。傲则其学不化，浮则其学不固。其学不化则色庄，其学不固则无恒。色庄之至，则必为伪君子；无恒之至，则必为真小人。

99. 鱼鸟不若

陆鱼不忘濡沫，笼鸟不忘理翰，以其失常思返也。人浮沉宦海而高咏山林，亦是失常思返。鱼鸟之态纯属自然，而人之高咏多是作伪，是鱼鸟之不若也。

100. 大人之学与小人之学

学问之道，有大人之学，有小人之学。小人之学讲艺也，大人之学明道也。

101. 心偏则妄动

贪心胜者，弹雀而不知深井在后；疑心胜者，惧蛇而惊迷弓影在杯；私心胜者，城北徐公为陋子；忧心胜者，杞国无事忧天倾。凡此私忧贪疑，皆因心偏，而心偏皆因妄动。释氏风幡之议岂虚语哉!

102. 世人恋富嫌贫

富贵是无情之物，看得他重，他害你越大；贫贱是耐久之交，处得他好，他益你反深。世人迷真逐妄，对富贵乃恋之求之，自作多情人；对贫贱乃嫌之弃之，忍为木石心。良足慨也。

103. 聪明与糊涂

吕端大事不糊涂，严贡细物必伺察。盖小事糊涂养就大聪明，小事聪明必酿就大糊涂也。

104. 贫能济人

济人未必富豪，漂母能推恩淮阴；行侠未必虎贲，红拂能投奔卫国。贫而济人，弱而行侠，最为当行上品。

105. 欲“无欲”即欲

人生何能“淡然无欲”？欲“无欲”即欲也。要之，不听人羁络，不任物鞭笞，则须欲淡泊，欲真率，欲刚直。人品之高下，即人欲之高下也。

106. 返真

道家调息，释氏观心，皆为返真。学者读书亦为返真。惜乎世人，以为读书在于踵事增华，文心雕龙，致真我被残编断简蔽矣。

107. 知的和犯的

怒火燃飚，欲水腾沸，明明知得，又明明犯着。知的是真我，犯的是假我。此时必要舍假我抱定真我，才是真君子。

108. 论孝与淫

百行孝为先，论心不论迹，论迹世间无孝子；万恶淫为首，论迹不论心，论心终古少完人。

109. 最难耐

最难耐者，商沽操书画，俗子作僧家。嗜好虽清，魔障终在。最可叹者，美女罹贱役，英雄成闲客。惜风刀霜剑，居然净土。

110. 论与人交

与人交，不为人所信，义未至也。与人疏，不为人所远，亦义未至也。

111. 论善观

善观人者观己，善观己者观心，善观今者观古，善观古者观史。

112. 苦乐宏谨

心志要苦，意趣要乐，气度要宏，言动要谨。

113. 论魏征集倔犟、妩媚于一身

唐太宗曰：“人言魏征倔犟，朕视之更觉妩媚耳。”倔犟之于妩媚天壤不同，何得集于一身？是“人言”与“朕视”之异也。李氏家业，魏征力辅之，故太宗觉妩媚；朝纲廷政，魏征严守之，故群臣畏倔犟。

114. 论宽

士君子涉世当求一宽字。旷达非宽，纵佚更非宽；放任非宽，聋聩更非宽。宽者宜以学问养育之，以世事锻炼之，使之自然而成，一宽而无所不宽之概。

卷四　闲适

115. 情必有所寄

舞衫歌扇，转眼皆非；红粉青楼，当场即幻。秉灵烛以照迷情，持慧剑以割爱欲，殆非大勇不能也。然情必有所寄，不如寄其情于卉木，不如寄其情于书画，与对艳装美人何异？可省却许多烦恼。

116. 无上禅机

高人韵士，醉酒是禅，书画亦是禅，谈论亦是禅，琴棋亦是禅，何也？禅者静也，保持一团静气，自是无上禅机。

117. 论文人画

自有文人画而意超，自有文人画而笔法坏。自有匠人画而意俗，自有匠人画而笔法精。

118. 共味人生

拂意事可对人言。言之，人多亦对己言彼之拂意事，共味人生艰难，意可转适。会心处还期独赏。求共赏，人或有不以为然者，甚或牛头马嘴，竟讨没趣。

119. 无坏境界

万种情思逢万境尘缘，始演出有泪人生；一轮心月对一天明月，始成就无坏境界。

120. 于人生之恋、厌

于人生之恋、厌，不但在富贵贫贱。试看富贵而自戕者，何可数哉！意者，人生之恋、厌，多系一“情”字。举凡亲戚师友、书画棋琴，万事万物皆可生情。情生而恋生，情重而恋重，情灭则厌生矣。

121. 三福分

我有三福分：缺处知足，故清闲是福；苦中作乐，故亏是福；忙里偷闲，故读书是福。

122. 自然之声教

残荷听雨声，感人世缠绵之情；稻田听蛙鼓，识宇宙活泼之机；篱落听童语，悟造物天真之趣；烹茗听瓶响，明混沌阴阳之理；霜天听鹤唳，知君子处世之志。此亦自然之声教也。

123. 论大道

一阴一阳之谓大道，一苦一乐之谓人生，一疑一信之谓学问，一真一假之谓世情。

124. 栽花与种田

文士栽花算种田，山夫种田算栽花，吾宁结山夫而远文士。何则？栽花算种田则趣闹，意轻薄；种田算栽花则趣冷，意真淳。

125. 耐闲适

人人识得闲适是福，然几人于闲适有一“耐”字？若不得一“耐”字撑持过去，几何不堕入忙碌之名场，使南岳献嘲，北陇腾笑哉。

126. 能劳者得闲适

人生最易见者，身闲心不适也。其弊即在“此身常放在闲处”。要得闲适，还当在一“劳”字上下工夫。盖能劳者，方体味得闲适。

127. 慢就是快

做事慢即是快，快即是慢；度日闲即寓忙，忙即寓闲。知此理者为达士矣。

128. 作人三昧

心易激动，我则求静；事恒纷忙，我则求闲；居多恩怨，我则求淡。此为作人三昧。

129. 知足之素心

花间独酌，对月居然三客；松下抚琴，无弦还成万声。凡此种种，皆非才人之狡诈，实乃知足之素心也。

130. 平居

趺坐宜霜根老树，偃仰宜漏月疏林。寝室曲傍岩阿，书案平张松下，阶除步步芳草，轩槛处处名花。语鸟跃笼，半睡半醒中著耳；文鱼弥沼，无情无绪处凭栏。

131. 论瞽者善辩

瞽者善辩，其目无所见，心无所纷，湛然而静故也。幼少之时所读书历久难忘，其天性未染，欲寡心清故也。

132. 论作画作书之条件

非精博物不能作画，非解《说文》不能学篆。

133. 作书求稳、险、老、润

作书当求稳、险、老、润。稳非俗，险非怪，老非枯，润非肥。审得此意，决非凡手。

134. 观花赏叶

观花赏叶足清娱，然观花人多，赏叶人少，试观历代诗词便知。惟韩退之心雄万夫，独赏芭蕉支子，然有失偏颇；白乐天风流蕴藉，兼咏冷花湿叶，然略伤平允。究之赏叶人少，不全势利，花叶不相伦亦一因也。此理惟李义山省得。

135. 善绘事者长寿

善绘事者，多得其寿，如黄大痴九十而貌如童颜，米友仁八十而神明不衰。盖以笔下皆生气，故气类相感而得长生。

136. 皮黄喻诗

诗可比之皮黄，七古如大面，五古如须生，律句则正生青衣，绝句则小生花旦。

137. 论风月之趣

人生太闲，则别念窃生；太忙，则真性不现。故曰风月之趣为疗身心之忧之验方，身心之忧为养风月之趣之水土。

138. 高一品作人法

栽花种竹，玩鹤观鱼，是寄情也，是移欲也。其实名利色也，粉黛色也。花竹鹤鱼，亦色也。以此色移彼色，是高一品作人法。

139. 夺关斩将之意

不宜不看，不好不谈，不可不想，不能不画，此亦夺关斩将之意。

140. 书法喻诗

三代鼎彝，古朴奇奥，此《三百篇》、《离骚》也。两汉碑志，雄强茂密，此《十九首》、古乐府也。六朝志铭，遒丽精能，此三张、二陆、陶、谢、颜、鲍也。唐碑谨严，宋帖豪放，近人恢奇恣肆，变化百出，此李、杜、韩、白、苏、黄、范、陆，以及湘绮、散原也。学诗者必先知其源流，推其条理，然后可以集大成，学书者何独不然？

141. 超物累，乐性真

羁锁于物欲，觉吾生之可哀。然此时当力超物累，以乐性真，所谓身忙求心闲也。要觉到世间一切悲欢物欲，不过筏尔，我果登岸，终必舍去。

图书在版编目（CIP）数据

菜根谭全集：修身处世的绝胜智慧／（明）洪应明著．—苏州：古吴轩出版社，2013．6

（家藏御书房／刘乔周主编）

ISBN 978-7-5546-0091-7

Ⅰ．①菜… Ⅱ．①洪… Ⅲ．①个人—修养—中国—明代 Ⅳ．① B825

中国版本图书馆 CIP 数据核字（2013）第 119729 号

策　　划：禹成豪
责任编辑：王　琦
见习编辑：徐小良
封面设计：视觉共振设计工作室

书　　名：菜根谭全集：修身处世的绝胜智慧
著　　者：（明）洪应明
出版发行：古吴轩出版社
地址：苏州市十梓街458号　　邮编：215006
Http://www.guwuxuancbs.com　　E-mail：gwxcbs@126.com
电话：0512-65233679　　传真：0512-65220750
经　　销：新华书店
印　　刷：三河市兴达印务有限公司
开　　本：710×1000　1/16
印　　张：20.5
版　　次：2013年8月第1版 第1次印刷
书　　号：ISBN 978-7-5546-0091-7
定　　价：35.00元
